알고 보면 쓸모있는
뇌과학 이야기

ETRI_easy IT

알고 보면 쓸모있는
뇌과학 이야기

어익수, 박문호, 장경인, 김기웅, 최원석, 윤상훈, 김완두, 이종호 지음

콘텐츠하다

일러두기

한국표준과학연구원의 국제단위계 해설에 따르면 "어떤 양을 수치와 단위기호로 나타낼 때 그 사이를 한 칸 띄어야 한다. 다만 평면각의 도, 분, 초의 기호와 수치 사이는 띄지 않는다."(http://www.kriss.re.kr/standard/view.do?pg=explanation_tab_05)라고 되어 있으나, 국립국어연구원의 허용에 따라 단위기호를 붙여 썼음을 알려드립니다.

추천사

'뇌' 속에는 운명을 극복하는 길이 있다!

'뇌'가 인간의 전부이다

인간의 몸은 뇌가 궁금해하는 것을 읽고 뇌가 하고 싶은 것을 실현시켜주는 기계입니다. 뇌를 완전히 알지 못할 때에는 몸에 의존하는 것이 많지만, 뇌를 완전히 알고 나면 자신의 원하는 바를 위하여 몸을 온전히 사용할 수 있습니다. 그러하기에 뇌는 인간의 전부입니다.

뇌를 알게 되면 몸의 구조와 행동원리를 알 수 있습니다. 자신을 원하는 대로 바꿀 수 있는 방법을 알게 됩니다. 무엇을 잘하려면 어떻게 해야 하는지, 시선의 높이를 끌어올리려면 무엇을 해야 하는지, 자식이 공부를 잘하게 하려면 무엇을 어떻게 해야 하는지를 알 수 있습니다.

'뇌'는 자신의 운명을 결정한다

인간은 크게 세 가지로 분류할 수 있습니다. 주어진 환경에서 어떻게 해야 잘 살 수 있는지를 고민하는 인간, 무엇을 할 것인가를 고민하며 환경을 만드는 인간, 그리고 무엇이 될 것인가를 고민하는 인간입니다. 인간은 모여서 살기 시작한 문명의 태동기인 BC 3500년경부터 계급사회를 이루며 살아왔습니다. 뇌를 알면 인류의 역사가 왜 그렇게 흘러왔고, 왜 여전히 그렇게 흘러가는지를 이해할 수 있습니다. 뇌의 진화 단계는 인류 역사의 인과관계를 자세히 설명해줍니다. 그런 깨달음과 함께 뇌에 대한 지식이 풍부해질수록 자신의 운명을 새롭게 개척할 수 있다는 것을 알게 됩니다.

'뇌'를 완전히 알면, 신이 될 수 있지 않을까

진화이론을 전제로 하면 인류는 경험을 DNA에 축적하고, 환경 변화에 따른 인류의 지속가능성을 담보하기 위한 RNA의 동작을 인간의 몸속에 멋지게 설계해놓았습니다. 그러나 일정 수준의 뇌 통제능력에 이를 때 지난한 시행착오를 하게 설계되어 있는 인간의 뇌는 오묘한 존재임에 틀림없습니다. 누구나 태어나서 똑같은 길을 걸을 수 있지만 그렇게 하지 못하게 만들어놓은 오묘한 질서 속에서 인간은 살아가는 의미를 느끼게 됩니다.

자연만이 물질을 만들 수 있었던 때가 있었습니다. 이 시기에 인간은 자신의 생존과 안전을 위하여 오로지 자신의 힘을 사용하며 살았습니다. 그러나 지금은 인간이 물질을 만들어 인공세상을 만들고 있습니다. 머지않아 인간이 육체노동에서 완전 해방될 것이라고 생각하는 사람도 생겼습니다. 허무맹랑한 희망만은 아니라는 많은 징조들이 나타나고 있습니다. 또 한걸음 더 나아가 가까운 미래에 인간의 설계도를 모두 해독할 수 있는 때가 올 것으로 기대합니다. 그러면 인간은 스스로 신이 될 수도 있겠다는 생각도 해봅니다.

초연결, 순간 감응시대

과학기술의 발달은 세상의 모든 것을 연결하여 소통할 수 있게 만들었습니다. 정보의 쓰나미가 모든 사람의 뇌를 괴롭히는 때가 다가오고 있습니다. 어떤 이는 빠르게 적응하여 쓰나미 위를 서핑하며 즐기고 어떤 이는 쓰나미 속에 함몰되는 초연결의 순간 감응시대가 다가옵니다. 정보 쓰나미 위를 서핑할 수 있는 방법을 찾는 것이 최선의 해결책입니다. 그 방법은 137억 년의 수많은 변곡점을 거친 인류인 우리의 뇌와 몸이 기억하고 있습니다. 그런 기억이 있음을 깨닫는 사람과 깨닫지 못하는 사람이 있을 뿐입니다.

21세기 인문학의 정점, 뇌과학

20세기의 위대한 과학적 발견들로부터, 우리는 어떻게 지금 지구라는 행성에 발을 딛고 살고 있으며, 우리의 몸이 어떻게 이루어졌는지, 우리가 어떻게 살아 움직이는지를 대략적으로나마 알게 되었습니다. 이제 우리는 본격적으로 우리의 미래 모습을 고민할 수 있는 토대를 갖추었습니다.

20세기까지 인간이 인문학의 대상이었다면, 인간의 설계도가 다 밝혀지게 될 21세기에는 우리가 바라는 인간상이 그 대상이 될 것입니다. 이러하기에 21세기의 새로운 인문학의 입문서가 필요합니다.

ETRI는 그러한 시대적 요구를 읽고 21세기의 인문학의 근간이 될 《알고 보면 쓸모 있는 뇌과학 이야기》를 준비했습니다. 사람과 사람의 관계 위에서 정의되는 인간이 살아가는 모습, 살아갈 모습을 읽어내고자 하는 독자들에게 마치 사막 한가운데서 발견하는 시원한 얼음과 같은 깨달음으로 인도해줄 멋진 시도가 될 것임을 확신하며 적극적으로 추천합니다.

ETRI 커뮤니케이션전략부장
이순석

이 책을 시작하며

인간을 인간답게 만드는 뇌

    2017년 뜨거운 여름이 시작되는 7월 20일과 21일에 걸쳐 뇌세포 및 신경망 모델 융합클러스터 과제 워크숍을 개최하였습니다. 뇌과학의 다양한 분야에서 여덟 분의 전문가를 초청한 이 자리에서는 뇌과학 기반의 세포 수준 생물학, 뇌질환을 치료하고자 하는 의학과 한의학, 뇌 연구에 필요한 생체신호 측정, 뇌 기능을 구현하는 신경모방 반도체 칩, 달팽이관을 대체하는 인공 청각기관, 인간의 의식상태와 정신이상 상태에서 발생하는 뇌 신호를 발표하였습니다.

    어렵게 모신 전문가의 말들을 흩어지지 않게 잘 모아야 한다고 생각하던 차에, ETRI 커뮤니케이션전략부에서 이 워크숍 내용을 책으로 만들면 어떻겠냐는 제안을 해왔습니다. 저는 이 제안을 기쁜 마음으로 받아들였습니다. 하지만 모든 발표자를 모시지 못하고 과제 참여자를 포함하여 뇌과학의 생물, 의료, 공학, 인지를 아우르는 주제를 담아 책으로 출간하게 되었습니다.

뇌과학은 우리 몸의 일부인 뇌를 대상으로 하기 때문에 매우 가깝게 느껴지기도 하지만, 눈만 뜨면 느끼는 감각과 별 의식 없이 잘 움직이는 몸 동작은 뇌 존재를 인식하지 못하게 합니다. 하지만 인류가 만들어낸 미술, 음악, 문학, 철학, 과학, 기술은 인간의 몸으로 만들었으며, 그중 뇌의 역할이 가장 크다고 할 수 있습니다.

자연을 열심히 들여다보고 과학기술 문명을 발달시킨 인간은 이제 자신의 몸에서 가장 보기 힘든 뇌를 연구하고 있습니다. 감각을 만들고, 기억을 저장하고, 운동을 만들어 인간을 인간답게 만드는 뇌를 알게 될수록 인간 본성을 이해할 수 있게 됩니다.

뇌 기능에서 인간 행동과 아픔의 기원을 찾기도 합니다. 인간의 어울림 속에서 뇌가 주고받는 빛과 신호는 인간 사회를 다양하고 새롭게 그려내고 있습니다.

생물인 동물의 뇌를 관찰하여 얻은 지식을 인간 뇌에 적용하여, 인간 뇌의 움직임을 알아내고, 뇌가 만들어내는 영상과 신호를 이용하여 뇌 구조, 기능과 연결 지식을 넓혀가며 아픈 뇌를 치료하고자 우리의 뇌와 몸을 들여다보며 답을 찾고 있습니다

보기 힘든 뇌를 눈으로 관찰하기 위한 과학적 시도 역시 진화를 거듭하고 있습니다. 뇌가 만드는 전자기 신호를 관측하거나, 외부에서 강한 자기장 신호를 가하여 반응하는 신호를 분석하여 뇌 영상을 만들어보는 것부터 뇌에 직접 탐침을 찔러 넣어 전기신호를 가하여 치료하기도 합니다. 또한 뇌 세포가 만드는 전기신호를 관측하여 뇌 연결을 찾고 있습니다.

한편으로 뇌의 뛰어난 기능인 학습, 기억, 판단 능력을 이용하기 위하여 뇌를 모방한 반도체 칩을 만들거나, 반도체 칩 위에 프로그램으로 뇌 기능을 구현하여 인간의 판단을 기계로 대체하고 있습니다.

뇌는 이미지와 상징인 언어로 생각하고, 기억하고, 상상하여, 몸과 도구를 사용하여 그림, 음악, 이야기, 시, 기계를 만듭니다. 인간은 눈에 보이지 않지만 있는 것처럼 가상을 느끼고 만드는데 뛰어난 능력을 보입니다. 가상공간에 실체를 만들기도 하고 실체를 가상공간에 구현하기도 합니다. 인간이 만든 가상세계에서 뇌를 모델링하고, 뇌 모델에서 뇌를 알고 이해하게 됩니다. 인간 행동은 그 행동 이전에 뇌 속에서 발생하는 신호로부터 만들어지기에, 역으로 우리는 뇌 모델 신호를 분석하여 인간 행동을 예측합니다.

뇌과학 연구는 다양한 학문이 협연하는 무대와 같습니다. 몸과 질환을 대상으로 하는 생물학, 화학, 의학 분야와 신호를 모으고 분석하며 신체기능을 구현하는 전자, 전산, 기계 분야가 필요합니다. 더불어 인문, 예술 분야의 학문도 중요합니다. 인간의 인지와 행동을 관찰하며 인간 자체를 대상으로 하는 심리학, 철학 분야는 물론 감각기능과 운동기능이 사용되는 미술, 음악, 무용, 문학 분야까지 여러 분야 전문가들이 모여 경계 없이 서로의 관점을 바라보고 서로를 연결해야 뇌의 비밀을 풀 수 있습니다. 이 책이 뇌과학이라는 넓은 세계로 떠나는 먼 길에 함께할 더 많은 협연자를 모으는 작은 시작점이 되기를 바랍니다.

이 책이 출간할 수 있게 처음부터 이끌어준 이순석 부장, 책이 만드는 내내 일정을 챙겨주고 많은 집필진을 다독여준 권은옥 작가께 감사를

드리며, 워크숍에 참석하여 뇌과학의 길을 보여주신 김승환 교수, 정범석 교수, 박경모 교수께 감사를 드립니다.

저자 대표
ETRI 지능형반도체연구본부 책임연구원
어익수

프롤로그

뇌를 알면 인간을 알 수 있다

여기 한 사람이 있다. 이제 태어난 지 며칠이 되지 않아 포대기에 꼭 싸인 작은 몸을 가지고 눈도 제대로 뜨지 못한 채 밤낮없이 쌔근거리며 자고 있다. 태어나 100일쯤 지나면 옹알이를 하고 목을 가누며 팔과 다리도 버둥거리는 등 움직임이 활발해진다.

눈을 마주치며 눈앞의 어른거리는 것을 잡으려고도 한다. 색을 구별하며 소리 나는 쪽으로 고개를 돌리며 점점 자기 몸을 뒤집어 배밀이를 하고 주위 물체에 호기심을 나타내어 잡고 입에 넣으려고 한다.

이제 서서히 모유나 분유를 끊고 어른이 먹는 음식을 무르게 해서 먹으며 움직임도 한층 많아져 기어 다니고, 앉고, 점차 잡고 서기도 한다. 조금씩 감정을 나타내면 옹알이를 하기도 한다. 장난감을 갖고 한참을 놀기도 하며 곧게 서서 걸으려고 하기도 하고 엄마를 보고 흉내도 곧잘 낸다. 이제는 작은 물건도 손가락으로 집어 입에 넣기도 하며 혼자서 앉아 우유병을 잡고 입으로 가져가 먹기도 한다.

태어나 1년 정도 지나면 걸음마도 하려 하고 행동을 말로 표현하기도 한다. 거울 속에 자기 모습을 바라보며 점차 사용 단어 수도 늘고 무거운 물건도 들려고 하며 다른 사람을 흉내 낸다. 숟가락을 사용하고 공을 가지고 놀고 선을 그을 수 있어 손동작이 더욱 더 발달한다. 짧은 단어를 사용하여 의사를 서로 교환하며 음악에 맞추어 춤을 추기도 한다. 단어보다 긴 문장을 사용하여 말을 하고 대소변을 가리게 된다.

그렇다. 사람의 뇌는 엄마 배 속에서 만들어지고 다시 그보다 긴 시간 동안 부모의 보살핌 속에서 성장하며, 배우고, 말하는 독립 개체로 생활이 가능해진다. 밤낮을 구별하게 되고, 여러 가지 얼굴 표정을 짓고, 목과 팔과 몸통과 다리를 움직이고, 소리와 색을 알아채고 구별하고, 팔다리가 튼튼해져 몸을 지탱하고, 몸의 균형을 잡아 서고 앉고 마침내 발을 디뎌 걷게 한다. 손을 뻗어 쥐기도 하고 손가락을 움직이고 숟가락으로 음식을 먹거나 굵은 크레용을 집어 선을 긋기도 한다. 엄마의 얼굴을 기억하고 눈을 맞춘다. 옹알이부터 시작하여 말을 따라하다 의사표시를 하고 서로 말을 주고받으며 문장을 만든다.

사람 뇌는 하루 동안 각성과 수면상태를 반복하는 기본 동작을 한다. 아기의 뇌는 태어난 직후에는 이 동작이 되지 않아 밤낮이 없다. 그리고 소리도 인지하지 못하다가 입으로 옹알이를 하면서 소리를 의식하게 되고 엄마가 하는 소리를 듣고 입 모양을 흉내 내어 말을 따라 하고 의사를 표시하는 단어를 말하고 마침내 문장을 말하게 된다.

눈도 처음에는 형체도 못 알아보다가 점차 형체와 색깔을 구별하게 되고 호기심을 끄는 물체에 주목하고 손을 뻗어 가지려고 한다. 목, 팔,

몸통, 다리를 조금씩 움직이기 시작하여 차츰 근육을 발달시켜 몸의 균형을 잡으며 두발로 일어서 걷는다. 손으로 숟가락을 잡고 손가락을 빨고 손가락으로 크레용을 집고 쥐고 점차 선과 원을 긋고 모양을 그린다. 입으로 따라하던 소리를 기억하여 말을 하고 상황에 적절한 단어를 끌어내어 차차로 긴 문장을 말하게 된다.

처음에는 의식도 분명하지 않다. 몸 밖의 감각인 소리, 빛도 제대로 인지하지 못하고 몸의 근육과 근육신경이 발달하지 않아 목, 팔, 다리를 제대로 움직이고 못한다. 차츰 감각과 운동을 익혀 소리와 빛에 반응하고 몸을 의도하는 대로 움직인다.

엄마와 계속하여 피부를 맞대고 눈을 마주치며 소리를 들어 감각을 인식하고 학습하고 기억한다. 날마다 버둥거리고 기고 넘어지고 앉고 일어서고를 반복하여 훈련하며 목, 팔, 몸통, 다리의 감각과 운동을 학습하고 기억한다. 엄마 손을 잡고 입을 보고 말을 듣고 몸짓을 따라하며 손과 입의 운동을 학습하고 기억하여 손과 입을 움직여 먹고 마시고 그리고 말을 한다.

우리는 익숙한 동작을 익히는 긴 시간이 있었음을 잊고 있다. 대부분의 사람들은 눈을 감고도 잘할 수 있는 이 동작은 감각입력과, 학습과 기억, 비교, 판단, 운동 선택 그리고 운동출력으로 뇌와 몸을 빠르게 연결하는 신경세포를 통하여 일어나고 있다. 잘 느끼고, 기억하고, 판단하고, 선택하고 운동함이 사람을 사람으로 움직이게 하며 몸에서 일어나는 뇌의 감각, 인지, 학습, 기억, 판단, 운동의 요소 중에서 한 가지라도 이상이 발생하면 몸구실을 제대로 하지 못한다.

뇌의 성장과 쇠퇴

　사람이 성장함에 따라 뇌 세포 연결이 조금씩 변하고 기능이 변하게 된다. 뇌 속 신경세포끼리 연결은 신호를 보내는 세포(시냅스 전막)의 끝과 받는 세포(시냅스 후막)의 시작으로 구성된 시냅스를 통하여 이루어지며 세포를 연결하는 시냅스는 액틴 필라멘트로 지지되어 형체가 만들어진다. 태어나면서 뇌세포를 연결하는 시냅스 개수가 점차 증가를 하면서 3세 무렵 가장 많은 시냅스를 가지고 이후 시냅스 연결은 차츰 줄어든다. 성장함에 따라 감각 입력신호와 운동 출력신호가 학습되고 기억되며 점차 능숙한 기능을 획득함에 따라 시냅스 연결 가지 경로는 강화되거나 약화되어 사용하지 않게 되는 시냅스 경로가 뚜렷하게 생긴다. 많이 사용하는 경로는 시냅스 전·후막에 많은 신경 이온 채널이 생기고 신경선의 절연체가 두꺼워져 이 경로의 연결은 강화되고 그렇지 않은 경로는 결국 끊어지게 된다.

　한편 자폐증을 가진 아이들은 정상 아이보다 많은 시냅스 연결을 가지고 있다. 많은 시냅스 연결을 가진 뇌는 입력 감각신호를 여러 곳으로 전달하여 정상인보다 뇌의 여러 기능을 동시에 사용하여 적절한 억제가 작동되어 특정 기능을 강화하는 학습이 잘 되지 않는다. 시냅스의 수가 정상인보다 적은 경우, 연결된 뇌 기능이 조화롭게 발현되지 못하여 뇌기능 발달이 정상적으로 이뤄지지 못한다.

　시냅스의 연결 개수뿐만 아니라 시냅스 형체도 뇌 기능에 영향을 주게 된다. 버섯 갓 같은 시냅스 전·후막 형체는 시냅스의 정상적인 모양이며 이 모양이 형성되지 못하면 신경이상증이 생기게 된다.

보통 나이가 들면 시냅스의 수가 줄어드는 경향을 보이지만 65세 이후 급격한 시냅스 수 감소는 신경세포 사멸로 결국 치매로 이어지게 된다. 시냅스로 구성된 신경회로망은 뇌에서 감각, 기억, 판단, 운동 기능을 일으키며 이 기능들의 조화로운 발현으로 인간활동이 가능하게 된다. 시냅스 수의 급격한 감소는 신경회로망의 연결과 구조를 망가트리며 뇌 기능인 감각, 기억, 판단, 운동 기능이 점차로 원활하지 못하게 되고 결국 사라지게 된다.

뇌 기능은 뇌 구조 공간에 나누어져 연결되어 있고 순차적으로 동작하게 되어 뇌 연결된 구조체들 순서에 따라 꽃피워 나타난다. 구조, 연결, 순차적 발화는 감각, 기억, 판단, 운동 기능을 서로 연결하여 인간활동을 일으키게 한다.

뇌 구조는 6세 이전에 대부분 완성이 되지만 전두엽은 계속 성장하여 20대까지 형성이 되기 때문에 전두엽 기능인 충동억제가 잘 되지 않아 문제를 일으킬 수 있다. 기억은 낮에 해마에 기억되고 서파 수면시간에 대뇌피질로 기억된 내용이 저장되어 장기 기억화하기 때문에 나이와 관계없이 해마에는 기억을 새로 만들기 위하여 세포가 새로 만들어지며 해마에 있는 줄기세포는 기억 생성을 담당하는 신경세포를 새로 만든다. 시냅스 가소성은 새로운 세포 사이 연결이 만들어지는 것으로 새로운 연결은 새로운 기억을 만들게 되며 나이에 관계없이 새로운 기억을 만들게 한다.

뇌를 봐야 뇌를 알지

뇌는 두개골에 완전히 쌓여 보호되어 있고, 눈으로 관측할 수 있는 현상 없이 조용하게 동작한다. 그렇기에 뇌의 구조, 연결, 기능을 알기 어렵다. 뿐만 아니라 사람의 경우 뇌 기능의 중요성 때문에 실험목적으로 내부에 관측하는 기구나 기기를 삽입하여 설치하기는 힘들다. 이러한 문제점을 보완하고자 뇌 신호와 활성화되는 뇌 부위를 간접적으로 보는 기술이 개발되었다. 뇌의 에너지 물질인 포도당은 혈액으로 공급되어 신경세포 세포질에서 포도당을 분해하여 피루브산을 만들고 세포 내의 미토콘드리아에서 에너지 물질인 ATP Adenosine TriPhosphate를 만들어 사용하여 액틴 필라멘트로 구성된 시냅스로 새로운 기억을 만들어 유지하고 신경전달물질을 만들고 신경세포를 통하여 이온 전기 신호를 전달한다. 미토콘드리아에서 ATP를 만든 수소 양이온인 양성자는 전달된 전자와 산소와 결합하여 물을 만든다. 신경세포 미토콘드리아에서 활발하게 ATP를 만들기 위하여 산소가 필요하며 혈액으로 운반된 산소가 많은 신경세포와 활발하지 않은 신경세포의 산소 농도가 차이가 나며 신경세포로 구성된 뇌의 산소농도를 보여주는 fMRI function MRI를 이용하여 뇌 활성화된 부분을 영상으로 볼 수 있다.

신경전달물질은 시냅스 후막에 도착하고 ATP 에너지를 사용하여 이온 농도 차이를 일으켜 이온의 흐름이 생기고 이 흐름이 신경세포의 신호로 전달된다. 시간에 따라 신경세포의 이온 농도와 이온 흐름 변화가 생겨 전기장과 자기장이 전파되어 뇌와 뇌를 보호하는 두개골을 지나 머리 피부에 부착한 전극에서 검출한다. 뇌전도는 뇌파의 전기장을 측정하고 뇌자도는 뇌파의 자기장을 측정한다. 뇌파를 측정하고 분석하여 뇌에서 뇌파가 일어나는 뇌 부위를 찾아낸다. 이렇듯 세포 단위의 화학적, 전기적 신호 변화를 두개골 외부에서 측정하여 눈으로 볼 수 없었던 뇌를 볼 수 있다.

뇌를 보호하면서 간접적으로 뇌의 활성도를 측정하는 방법과 두개골을 열어 뇌에 전극을 삽입하여 전기 신호를 직접 측정하는 방법도 사용한다. 그리고 신경세포의 유전자를 조작하여 특정한 신경전달물질을 사용하는 신경세포에 광수용체를 삽입하여 뇌에 빛을 쪼여주어 광수용체가 삽입된 신경 조직만을 활성화하여 특정 회로를 선택하여 동작시킬 수 있다. 또는 발광단백질을 발현하게 하여 특정 뇌회로 동작을 할 때 발생하는 빛을 검출하여 활동 부위와 활성도를 측정한다.

뇌의 입력신호인 감각신호가 연결된 뇌는 망을 구성하여 활성화되며 활성 부위별로 시간 차이를 두고 발생하여 마지막 운동신호를 만들어 내기 때문에 시간 분해가 되는 뇌파를 측정하면 발생 부위와 신호 발생 순서를 정확하게 알게 된다. fMRI를 이용하여 입력신호 활성 부위와 입력정보, 비교정보, 비교, 판단, 운동명령이 발생하는 활성부위와 출력신호 활성부위를 동시에 관측하여 해부학적 지식 기반 위에 구조, 기능, 연결에 대한 정보를 얻는다.

입력신호인 청각, 시각, 후각, 미각, 체감각신호에 따라 활성화되는 뇌 부위가 다르며 이들 감각신호를 처리하고 이미 저장된 감각정보와 비교하여 판단을 내리게 되며 판단결과에 따라 운동명령과 운동신호를 발생시킨다. 입력 감각신호에 따른 활성화되는 부위가 같지 않으며 감각정보에 따라 읽히는 정보의 위치가 차이 나고 서로 다른 감각정보와 이 정보에 대응되는 서로 다른 저장정보를 비교하고 판단하는 위치가 다르며 운동명령과 운동신호가 발생되는 위치 및 발생 시간도 서로 다르다. 감각정보를 만드는 곳과 비교하는 곳이 감각신호별로 다르며 감각정보 생성, 비교, 판단된 정보는 연합감각 영역에서 운동 명령, 운동 신호로 만들어진다.

정상 뇌의 구조, 연결, 기능과 뇌 이상증을 보이는 뇌의 구조, 연결, 기능을 뇌파와 fMRI를 이용하여 구하면 같은 입력신호에 대하여 다른 전기적, 화학적 신호를 관측하여 이상증의 원인 부위를 추적하고 다른 연결 특성과 발화 특성으로 정상 뇌와 이상증을 가진 뇌 특징을 알게 된다.

뇌를 알아야 하는 인간의 숙명

뇌는 두개골이 보호하고 있어 밖으로 드러난 신체부위와 피부 아래 또는 뱃속에 있는 장기와 다르게 생김새와 움직임을 보기 어려워 구조, 연결, 기능을 알기 어렵다. 하지만 뇌에서 자신을 의식하고 생각이 일어나며, 기억과 어우러진 감정이 다른 무엇보다 앞서고, 새로운 감각정보와 과거 정보를 비교하여 판단하며 신체기관 운동을 통하여 자기를 표현하고 움직인다. 같은 상황과 외부 환경 입력신호에 대하여 사람마다 다른 느낌, 생각, 감정, 행동은 그가 가지고 있는 저장된 기억과 감각의 예민 정도와 운동의 섬세한 표현 차이로부터 생긴다.

개인이 모여 서로 영향을 주며 생각, 감정, 행동을 공유하고 집단화한다. 이러한 현상은 한 공간에서 같은 곡을 협력하여 연주하는 사람의 뇌파가 서로 동조하는 현상을 관찰한 막스플랑크 연구소에서 실험한 연구로 알 수 있다. 같은 곡을 연주하는 두 연주자는 서로 다른 화음으로 연주한다. 이때 두 연주자의 뇌파를 관측하면 4Hz 미만의 델타파에서 같은 뇌파 모양을 띠는 동조가 일어난다. 그리고 곡을 시작하기 전에 부분적으로 연주자들 사이에 뇌파 동조가 확인되었다. 이와 같이 사회를 구성하는 개인은 서로가 연결된 형태로 생각, 감정, 행동을 나타나게 되어 매우 큰 에너지를 집중할 수 있다.

한편 뇌와 척수로 이루어진 중추와 신체 말단까지 연결된 말초신경 이상증은 원인에 따라 매우 다양한 증상이 나타난다. 감각이상으로 통증과 온도를 제대로 느끼지 못하여 위험한 상황을 피할 수 없어 몸을 상하게 하든지 빛과 소리를 감지하지 못하거나 시각과 청각 신호 전달을 못하여 보거나 듣지 못한다.

뇌 세포 연결인 시냅스의 절대 수가 부족하여 신경망이 제대로 형성되지 못해 발생하는 비논리적 언어와 사고가 특징인 조현병과 너무 많은 시냅스 연결로 적절한 억제가 되지 않아 신호들이 여러 곳으로 분산되어 많은 정보를 발생시켜 주의 집중과 관계형성이 되지 않는 자폐증이 있으며 어떤 시기부터 뇌세포가 많이 없어져 형성된 기억정보가 사라지는 치매가 있다. 운동신호의 세밀한 조율이 되지 않아 머리, 몸통, 팔, 손, 다리 움직임이 떨리거나 느리거나 끊어지는 파킨슨병이 있으며 에너지원인 혈액이 충분히 공급되지 않아 신경신호가 생성되지 않고 그 연결이 끊어져 운동신호가 만들어지지 않아 몸을 움직이지 못하는 뇌졸중이 있다.

이렇듯 뇌와 신경의 이상증은 사람 감각을 뇌에 전달하지 못하게 하고, 전달된 신호를 제대로 처리하지 못하여 정상인의 범위를 벗어나는 감각, 기억, 예측, 판단으로 정신활동을 정상적으로 할 수 없게 하며 운동신호를 잘 만들지 못하면 몸을 원활하게 움직일 수 없게 되어 보조장구 또는 도움의 손길이 필요하다. 뇌 이상은 정신과 신체 활동을 어렵게 하여 정상적인 개인생활과 사회생활을 할 수 없게 한다. 개인은 긴 시간 입력된 신호에 의하여 뇌의 구조, 연결, 기능 차이를 보이며 같은 시공간에 존재하는 사람들은 서로에게 영향을 주어 동조된 물결을 만들어낸다.

뇌는 사람의 활동을 만들고 개인을 특징지으며 사람을 모아 사회생활을 하게 한다. 결국 사람이 만들었던 문명, 문화, 예술, 기술과 사람 그 자체의 이해는 뇌를 앎으로써 근원을 찾고 이유를 알게 한다.

뇌를 만들고 싶은 인간의 욕망

인간은 자연에서 채취한 풀, 나무, 물고기, 짐승, 흙, 돌, 광석 등으로 입고, 먹고, 자는 데 필요한 기술문명을 발전시켰다. 인간은 이 자연산물을 자연이 만든 화력, 수력, 풍력과 사람의 힘으로 가공하여 도구와 운반수단인 수레와 배를 만들어 농사를 짓고 옷을 만들었으며 요리를 하고 집을 지어 사회와 문명을 일구었다.

자연에너지인 화력과 수레의 바퀴를 합쳐 새로운 연소기관을 발명하고 실을 뽑는 방적기와 베를 짜는 방직기, 운송도구인 기차, 배, 자동차를 만들어 인간 노동력만을 사용하였을 때보다 훨씬 많은 양의 제품을 생산하게 되었다. 19세기 전자기력과 전파 발견으로 수력, 화력 에너지와 바퀴인 회전자를 결합하여 전기를 만들었으며 발전소에서 만들어진 전기는 공장으로 보내져 모터를 돌려 깨끗한 에너지원으로 연소기관을 대체하여 사용되었다.

전자기력과 전자기파를 이용하여 만들어진 전자회로는 라디오와 텔레비전으로 만들어졌으며 이후 발명된 트랜지스터를 이용하여 작고 가벼운 전자제품이 만들어졌다. 2차 세계대전을 치르며 암호를 풀거나 새로운 무기인 미사일 개발에 필요한 복잡한 계산을 사람 대신 하는 빠른 계산기가 개발되었다.

인쇄기술과 반도체 불순물 열처리 기술이 결합되어 집적회로가 발명되었으며, 미세 인쇄기술의 급격한 발전으로 회로는 작아지고 속도는 빨라졌으며 사용 에너지는 줄어 기억용량이 2년에 2배씩 증가했다. 또한 처리속도가 1.8년에 2배 증가하여 빠르고 가볍고 작은 컴퓨터를 누구나 주머니 속에 가지고 다니게 되었다.

20세 말 지구 곳곳에 흩어져 있던 컴퓨터가 점차 서로 연결되기 시작하여 지구 전체에 컴퓨터가 거대한 망을 형성하여 흩어져 저장된 정보에서 필요한 정보를 쉽게 찾을 수 있게 되었다.

인류 문명은 자연에 기반을 둔 에너지를 이용하여 형성되어 발전하였다. 그리고 돌과 흙에 새겨진 정보, 종이에 적힌 정보, 인쇄된 책에 저장된 정보, 전기신호 형태로 회로에 저장된 정보까지 점차 정보저장 용량이 커졌다. 지금까지 인류가 만든 모든 책은 2010년 구글에서 검색하여 발표한 1억 3,000만 권 정도다. 최근에 늘어난 디지털기기는 2, 3년 만에 이전 정보만큼 새로운 정보를 만들고 이 정보들이 서로 연결되어 흐르고 있어 연결에 의하여 새로운 정보가 또 만들어진다.

　인간의 노동력은 자연에서 구한 에너지로 대체되어 많이 줄었으며 인간이 하는 복잡한 작업도 기계가 대신하고 있다. 그리고 인간이 자연에서 받아들이는 감각신호를 처리하여 정보 추출과 비교 판단하는 기술도 매우 발전했다. 이로써 사람얼굴 인식, 신체특징 인식, 사물 인식, 사람과 자동차 구별, 말을 이해하는 기술도 진보를 거듭해 보안, 자율주행, 음성 인식에 사용된다. 이 기계학습을 통하여 입력 정보를 분류하고 저장된 정보와 비교하여 판단하는 기능을 구현하고 있다. 이러한 예로 학습하여 사람보다 바둑을 더 잘 두는 알파고와 많은 임상정보를 학습하여 암 진단을 내리는 IBM 왓슨이 있다.

　과학기술 발달은 자연에서 에너지를 추출하여 인간 노동력을 단순하게 대체하였으며 인간의 복잡한 팔과 손동작을 대신하는 기계를 만들어 숙련 노동력을 대체하였고 이제는 많은 정보를 학습하여 기억하고 비교 판단력을 갖게 하여 판단이 필요한 인간 노동을 대체하고자 한다. 감각, 기억, 판단, 운동은 뇌가 만들어내는 기능이다. 인간이 느끼는 감각을 받아들이고 이를 기억으로 저장하고 감각과 기억을 비교하여 운동을 선택하는 판단을 통하여 운동 실행 명령과 운동신호를 만들어내는 과정이 이어지며 펼쳐져 인간 행동이 만들어진다. 결국 판단하여 운동신호를 만들고 실행하는 능력까지 부여하게 되면 인간 행동을 만들어 인간을 대체할 수 있게 된다.

　생존에 필요한 충분한 에너지를 사용하며 인간을 힘든 노동과 질병의 고통에서 구하기 위하여 인류는 과학기술에 매진하고 성취에 환호해왔다. 그러나 인간이 알게 모르게 이뤄온 과학기술의 개발은 결국 인간을 노동에서 점차 멀어지게 하고 있다. 이쯤에서 우리에게 과학기술은 어디를 지향해야 할지 곰곰이 물어야 한다. 노동을 하지 않고 얻게 되는 시간에 무엇을 할지, 노동으로 얻었던 생활비는 어떻게 마련할지, 기계와 공존이 평화롭게 유지될 수 있는지, 인간은 무엇을 위하여 살 것인지 말이다. 아직 닥친 현실도 아니고 설익은 고민이지만 인간이 만드는 인간을 닮은 무엇이 우리 머릿속에서 점차 그려지고 있다.

  뇌를 알면 인간을 이해할 수 있다. 나아가 뇌를 알면 인간은 상상 너머의 것을 창조할 수 있다.

차례

추천사 – '뇌' 속에는 운명을 극복하는 길이 있다! •5
이 책을 시작하며 – 인간을 인간답게 만드는 뇌 •9
프롤로그 – 뇌를 알면 인간을 알 수 있다 •13

1부 나를 만드는 뇌

1장 인간을 생각하며 꿈꾸며 행동하게 하는 뇌 – 박문호 •31

2부 뇌를 보고 알기

2장 뇌의 신호를 보는 방법 – 장경인 •55
3장 인간 뇌 기능의 측정 – 김기웅 •73
4장 뇌의 기능을 보는 방법 – 최원석 •101
5장 신경계 질환 신경계 조절 치료 – 윤상훈 •121
6장 달팽이관을 모사한 인공 청각기구 – 김완두 •137

3부 뇌를 만들기

7장 메모리 소자를 이용한 뉴로모픽 컴퓨팅 – 이종호 •163
8장 뇌가 우리 몸에서 하는 것 – 어익수 •187

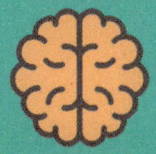

1부

나를 만드는 뇌

뇌가 그리는 인간의 무늬

인간은 얼굴에 웃음기를 띄고 입에서 나오는 말소리와 허리를 세우고 손과 손가락을 움직여 행동하며 앞에 있는 또 다른 사람과 눈길을 마주치고 함께 웃는. 때로는 혼자 책상에 앉아 잘 써지지 않는 글의 실마리를 찾으려고 하거나 잘 풀리지 않는 수학 문제의 답초를 생각한다. 그리고 풀로 덮인 낮은 언덕에서 저 멀리 흘러가는 강물과 뭉게구름을 하염없이 바라보며 강과 구름이 자신인양 상상한다.

낮에 운동장에서 공을 쫓아 뛰고 밤이면 피곤한 몸을 뉘어 자면서 사나운 개를 피해 도망 다니는 꿈을 꾸기도 한다. 인간은 밤낮으로 순간순간 다른 상황에서 누군가와 함께 또는 혼자서 보고, 듣고, 만지고 느끼면서 생각하고, 상상하고, 꿈꾸고, 행동한다.

하지만 환경과 상황이 같아도 사람마다 받아들이는 느낌과 반응인 행동이 다르다. 보고, 듣고, 만지고 느끼는 감각기관을 통하여 같은 감각신호가 뇌에 입력되어도 개인마다 축적된 기억이 다르기 때문에 입력 정보와 개인의 서로 다른 기억을 비교하여 다른 생각, 운동과 운동이 모인 행동이 선택된다. 한편 생각은 기억의 시간 연결과 공간 배경 속에 맥락적 흐름이라면 상상과 꿈은 시간과 공간 연결이 끊어진 비맥락적 돌출로 일어난다.

감각신호가 차단되고 저장된 시각기억이 인출되어 꿈을 꾸게 되며, 꿈을 꿀 때는 전전두엽이 아니라 감정을 관리하는 전대상회가 감독이 되어 시각기억이 인출되어 연결성이 없는 기억이 보여진다. 그리고 서파수면 단계에서 해마에 저장된 기억이 정보 내용에 따라 대뇌피질 부위에 옮겨 장기기억화 되며 렘수면 단계에서 낮 동안 학습한 절차 운동기억을 반복 재연하여 운동기억을 공고화한다.

외부 감각신호는 계속해서 뇌로 입력되고 이 감각신호는 기억을 참조하여 생각과 운동과 운동이 모인 행동을 만든다. 의식은 감각을 지각하고 신체를 시공간에서 인식하는가하면 감각신호의 받아들이는 정도를 조절하여 생각을 만든다. 뇌는 생각으로 연관된 기억을 읽어내어 운동을 계획하고 선택하며 운동 실행 신호를 운동기관에 내려 보낸다. 상징인 언어를 사용하며 생각에 빠지면 외부에서 감각을 받아들이는 것을 중지하고 내면의 언어를 통하여 가상 행동을 하게 된다.

언어는 신체 운동 기관인 발성기관을 이용하여 소리를 만들고 명료한 단어 발음과 단어 연결을 위한 어형변화를 하고 시간의식과 감정을 포함하여 약속된 문장으로 표현한다. 인간은 언어를 통하여 정보를 교환할 뿐만 아니라 서로의 감정을 나타내는 도구로 사용하며 내면 생각을 가능하게 하고 감각이 끊긴 생각만이 존재할 때 환각이 되어 완벽한 가상 세계가 나타난다.

뇌에서 감각신호는 선택적으로 받아들이며 선택된 감각신호를 처리하여 운동 출력 없이 내면에서 기억을 참조하고 언어를 매개하여 이루어지는 생각이 있고 감각신호에 대응되는 저장된 기억이 인출되어 비교과정을 거쳐 운동이 만들어지고 행동으로 나타나기도 한다. 감각신호를 차단하여 상상하거나 수면 상태에서 꿈을 꾸면서 기억된 시각 정보를 무작위로 인출하기도 한다. 이렇듯 인간의 생각, 행동, 상상, 꿈은 개인이 축적한 뇌 속의 기억에서 만들어지기 때문에 뇌는 인간이 만들어내는 그만의 색깔과 무늬를 만들게 한다.

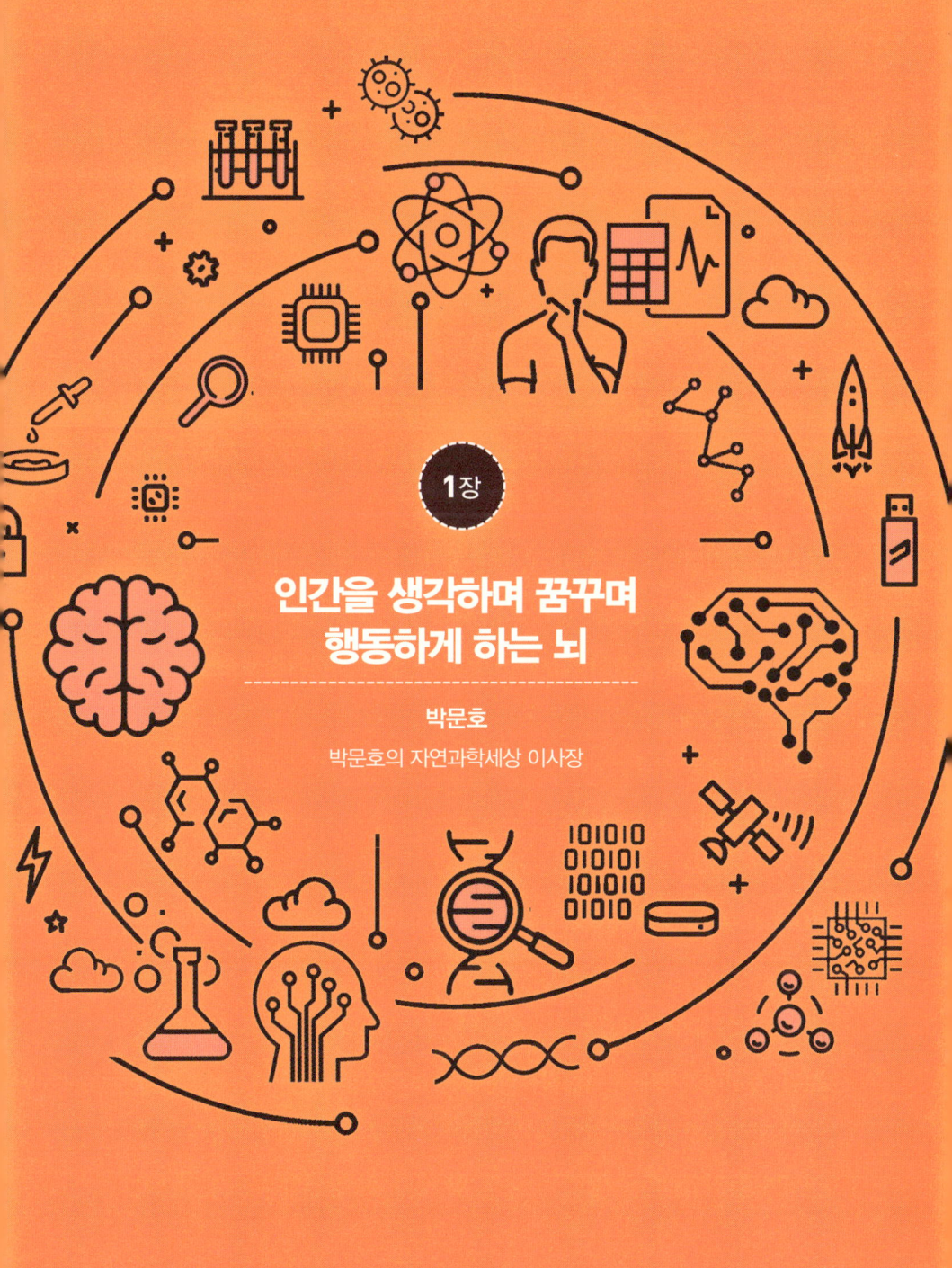

1장

인간을 생각하며 꿈꾸며 행동하게 하는 뇌

박문호

박문호의 자연과학세상 이사장

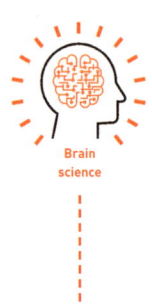

　동물은 감각입력에 반사적으로 반응하지만 인간은 감각입력에 기억을 반영하여 행동을 선택한다. 동물은 감각에서 운동이 출력되며, 인간은 지각에서 행동이 나온다. 감각자극으로 촉발된 지각과정은 행동을 유발하고, 생존에 중요한 지각결과는 기억으로 저장되어, 나중에 유사한 상황에서 행동 선택의 근거가 된다. 환경자극의 일부가 감각기관을 통해 신체로 입력되고, 신체표면, 근육, 관절, 내부장기에서 감각입력에 대한 운동반응이 생성되고, 중추신경계에서 감각입력이 기억으로 전환되어 꿈과 생각에 지속적으로 반영된다.
　뇌과학자 이나스에 의하면 물리적 세계에 대한 제한된 에너지 입력으로 뇌와 신체가 생성하는 반응인 운동과 꿈 그리고 생각은 사전에 형성된 '과잉생산체계'다. 꿈, 생각, 운동은 대뇌연합피질에 저장된 기억들 간의 활성화된 상호연결의 결과물이며, 기억에 의해 미리 과잉으로 생성되며, 감각입력의 촉발로 한 동작, 한 생각, 한 장면의 꿈으로 선택된다. 기억의 연결회로는 관련된 신경세포집단들 사이의 동시 흥분상태의 회로망을 생성하는 활발한 작용이 항상 요동치고 있고, 이러한 신경회로의 활성패턴과 감각입력 처리과정이 결합하여 감각에 대한 지각적 반응이 생성된다.

감각입력과 운동출력 사이의 연결은 각자의 생존과정에서 축적된 기억이 다르기 때문에 개인마다 고유한 연결방식이 존재하며, 기억은 개인마다 다른 개성과 자아의 바탕이 된다. 감각과 운동의 연결에서 의식은 운동선택과정을 비추는 순간적인 조명불빛 같은 역할을 한다. 의식의 조명하에 환경입력의 맥락에 따라 행동이 선택되고 출력된다. 따라서 의식의 조명하에 환경에 대한 이미지가 생성되고 하나의 운동출력이 만들어지면 의식은 또 다른 감각입력을 주목하게 하여 지각처리과정으로 진행되게 하여 또 하나의 운동출력을 낳게 되어, 운동선택의 연쇄는 우리의 행동이 된다. 시각, 청각, 촉각의 감각 정보는 해마에서 맥락적 기억으로 전환되고, 대뇌피질로 전달되어 장기기억으로 저장된다. 대뇌 전전두엽이 현재 입력되는 감각 정보를 처리하는 과정인 운동계획 과정에 연합감각 피질에 저장된 장기기억이 회상되어 행동선택에 반영된다. 구체적 감각입력이 범주화된 사물로 전환하는 뇌의 정보처리가 바로 지각과정이며, 범주화는 지각의 산물이다. 대뇌피질 감각연합피질에 의한 '지각의 범주화' 과정이 형성되면, 개별 '범주된 지각 장면'들 사이의 관계인 개념이 출현하여 '개념의 범주화'가 대뇌 전두엽, 두정엽, 측두엽에서 진행된다. 즉, 개념은 지각범주의 '재범주화 과정'이다.

감각자극이 촉발한 지각과정의 한 형태가 기억이며, 지각의 결과는

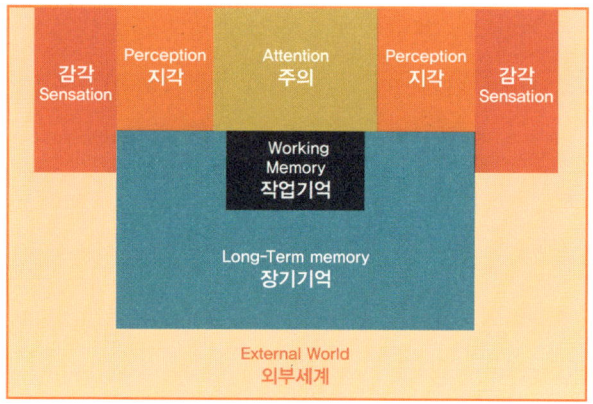

그림 1. 인간 뇌의 정보처리 기능 구성

행동으로 출력된다. 감각, 지각, 생각은 상호 연관된 일련의 뇌 정보 처리과정의 단계별 구분이며, 출발점은 감각이다. 감각이 지각을 촉발하고, 지각된 정보에 주목하면 기억이 된다. 그리고 운동출력을 하기 전에 기억을 바탕으로 운동을 계획하는 과정이 우리의 생각이다. 결국 감각에서 운동으로 연결되는 과정이 뇌 정보처리의 전체 내용이며, 인간 대뇌 세포의 90%는 감각뉴런과 운동뉴런을 연결하는 중개뉴런이다.

생각이 기억의 맥락적 연결 현상이라면 상상, 꿈, 환각은 모두가 기억의 비맥락적 돌출 과정이다. 그래서 생각은 현실 문제에 대한 뇌의 반응이고, 상상, 꿈, 환각은 뇌가 현실에서 자유로워져 스스로 활성화되는 현상이다. 현실이 꿈과 상상이 아닌 '현실적'이 되는 이유는 꿈과 상상은 그 내용이 매번 바뀌지만 현실은 반복되는 현상이기 때문이다. 현실은 시간과 공간에서 매일 반복되는 사건이며, 우리의 일상이 바로 현실이다. 꿈의 내용처럼 반복되지 않은 사건을 '비현실적'이라 하며 반복되지 않기에 예측하기 어렵다. 반면에 일상처럼 매일 '반복되는 현실'은 예측가능하며, 어떤 장소에서 어떤 행동이 적절한지 알 수 있는 환경이 자연과 구분되는 인간의 생존 공간이다.

감각과 운동이란 핵심적인 개념을 바탕으로 생각을 전개하면, 감각 자극의 처리과정에서 지각과 기억 그리고 행동이라는 뇌과학의 핵심 과정이 자연스럽게 드러나고, 꿈과 현실을 바라보는 다른 관점이 생길 수 있다.

언어로 정서와 정보를 교환하는 인간

언어는 개인, 문화, 생물의 세 계층에서 작동하는 역동적 적응과정이다. 교통문제는 자동차, 도로, 운전자의 상호작용에서 생겨나는 현상이므로 각각의 요소를 분리하면 존재하지 않는다. 마찬가지로 언어도 상호작용에서 생겨나는 현상이므로 개인과 문화를 분리하면 언어의 본질은 사라진다. 또한 언어의 발음과정은 발성기관의 진화와 관련되므로 개별 생물 종에 따라 다르다. 언어는 발성의 상징적 사용이다. 대부분의 동물은 의사소통을 위해 상징을 사용하지 못한다. 인간만이 언어를 통한 대규모의 상징 사용이 가능하며, 동물은 발성으로 본능적 정서를 표출한다. 인간 정신작용의 핵심적인 기능은 상징의 사용이며, 상징의 기원은 사물과 사건을 지시하는 신체작용에서 시작한다.

동물이 내는 내면의 욕구를 표시하는 외마디 울음소리가 발전하여, 인간은 발화의 상징적 사용을 통한 의사소통이 가능하다. 그리고 인간의 활발한 상징 사용은 상황에 따라 구분된다. 비맥락적 상황에서 몸이 피곤하거나 감정이 분출할 때 내는 소리가 있다. '어휴, 휴, 에잇, 아하' 처럼 주로 짧은 외마디 소리는 몸의 상태나 정서의 표출로 어떤 대상을 향한 소리가 아닌 자신의 내면상태의 표현이다. 전대상피질의 일부 영역은 고통이나 격한 정서를 소리로 발음하게 하는 영역이 있다. 대상과 맥락이 존재하는 상황에서 단순한 구문에 의한 의사소통이 출현한다. '여기야, 그래, 아니야'처럼 주로 주의를 유도하거나 몸짓을 동반한 간단한 의사표시 단계다.

동물의 경우는 꼬리 흔들기로 '예'는 표현할 수 있지만 '아니요'에 해당하는 몸짓은 없다. 의사소통에 상징을 사용하는 단계는 단어를 연결하여 구문을 만드는 능력이 필요하다. 구문 속의 단어는 일련의 상징 계열의 교차점에 해당한다. 즉, 사물을 범주화하는 다양한 분류가 존재하고, 개별 단어는 여러 범주 분류를 함축하므로 대부분의 단어는 문맥

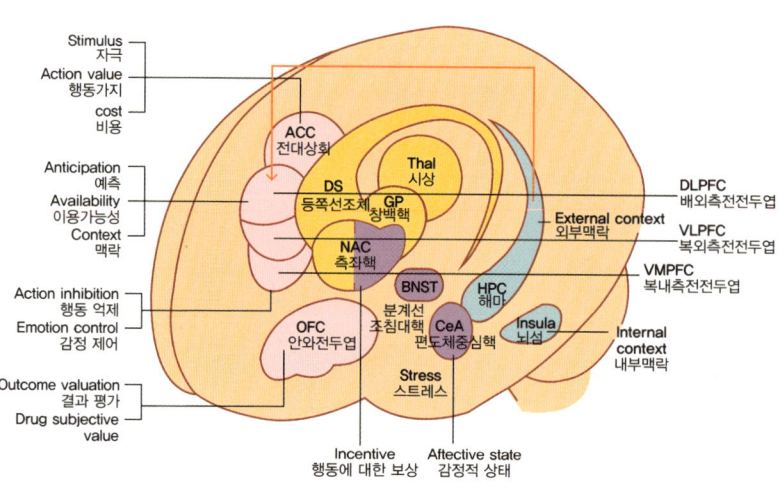

그림 2. 뇌의 해부학적 구조에 대응되는 기능

에 따라 여러 의미로 해석될 수 있다.

　인간의 언어능력을 뇌와 발성기관의 진화 관점에서 연구해온 리버만은 인간의 순서화된 발음은 대뇌기저핵의 운동조절능력에 의존한다고 주장한다. 구문능력에서 어형과 어순의 변화는 입술과 혀 그리고 후두의 움직이는 근육의 타이밍을 맞춘 운동제어 능력에 의존한다. 이러한 순서화된 근육 운동은 대뇌기저핵에서 담당하고, 기저핵의 운동조절 기능저하로 운동 실조증인 파킨슨병이 생긴다. 파킨슨병은 운동을 시작하기 어렵고 일단 시작된 움직임을 멈추기도 힘들다. 운동의 시작은 여러 가지 골격근의 순서화된 작동이 필요하다. 입술을 열고 닫는 순간을 기준으로 발음의 차이가 생기며, 'b'의 발음은 입술을 열고 25ms 이내에서 성대울림으로 생성되며 'p' 발음은 입술 열고 25ms 이후에 생성된다. 이처럼 소리가 구분되는 현상은 발음 시작 시점과 관련되며 단어의 발음은 순서화된 활성이 핵심이다. 즉 구문능력은 순서화된 근육 운동 체계의 적응과정이다.

　리버만은 고산 등반가가 겪는 일시적 발음실조와 파킨슨병과의 관계에 주목했다. 높은 곳에서 산소가 부족한 상태에서는 일시적으로 파킨슨병처럼 발음순서에 둔감해져 b와 P를 구분해서 발음하기 힘들며 안전벨트 매는 순서에 착오가 생기기도 한다. 발음의 둔해지는 현상과 복잡한 순서의 손운동에 실수가 생기는 현상은 모두가 대뇌기저핵의 절차운동 생성과 관련 있다. 결국 인간의 구문능력은 대뇌기저핵의 순서화된 운동 능력의 진화에 의존한다. 그리고 대뇌기저핵에 손가락 운동영역과 입술 운동영역이 중첩되어 있고, 도구를 만드는 순서화된 손운동과 발음의 순차적 운동이 진화적으로 관련이 있다.

 자음과 모음의 음소로 구성되는 인간의 말소리에는 각각의 의미가 결합되는데, 단어의 의미는 베르니케 영역 주변의 후측언어 피질에 저장되어 있다. 그래서 일차청각 피질에서 단어의 소리를 처리하고 그 소리에 대한 의미와 결합한 후, 의미가 결합된 단어를 발음하기 위해 베르니케 영역에서 브로카 영역으로 신경흥분이 전달된다. 감각언어 영역인 베르니케 영역과 운동언어 영역인 브로카 영역은 궁상다발이라는 대규모 신경섬유 다발로 연결되어 있으며 초기 영장류에도 궁상다발이 존재한다.

 전두엽에 위치한 브로카 영역에서 단어를 구성하는 각각의 음소를 순서대로 발음하게 된다. 발음의 순서는 후두와 혀 그리고 입술의 정확히 시간 조절된 근육운동이 필요하며, 이러한 다양한 발성구조에 대한 근육운동의 순서기억은 대뇌기저핵이 담당한다. 결국 별, 가을, 바다, 하늘, 사람, 진리, 마음 이런 아름다운 단어 하나하나의 발음 속에 혀와 구강, 연구개와 경구개, 인두와 후두, 식도와 기도, 폐와 비강, 늑간골과 복근, 횡격막과 흉곽막 진화의 기나긴 서사시가 새겨져 있다. 대뇌기저핵과 소뇌에 의해 적절히 조절된 근육운동 출력이 개별 단어의 어형을 변화시켜 '그랬구나', '그렇군', '그럴 거야'로 과거와 현재와 미래의 내면 상태를 표현하게 되고, 결국 현재에 종속된 감각에서 과거의 기억을 바탕으로 미래를 예측하는 '시간의식'이 행성지구에서 인간이란 종에서 출현하게 된다. 또한 근육운동 출력이 발음의 강도와 시간을 선택적으로 변화시켜 '잘 했다'와 '잘~ 했다'처럼 '어 다르고 아 다르다'가 가능해졌다. 즉 인간은 단어의 발음 속에 다양한 감정을 실을 수 있게 된다.

인간의 발성은 단순한 '사실 전달'에서 미묘한 어감과 함축된 의미를 감정에 실어서 '정서 교환'이 가능해졌고, 감정에 의한 기억의 공고화로 기억능력이 크게 증가하게 되었다. 경고음을 내거나 격한 정서적 감정을 표출하는 개별 단어의 발성은 유인원도 가능하다. 하지만 단어와 단어를 연결하여 구문을 형성하는 동물은 인간뿐이다.

단어와 문장의 차이는 원자와 분자의 차이보다 더 크다. 인간의 의사소통은 대부분 문장 형태이며, 문장은 단어의 변형과 단어의 문법적 범주화가 선행되어야 가능해진다. 문장을 만들려면 단어를 명사, 동사, 형용사, 접속사들로 범주화할 수 있어야 가능하고, 영어 구문처럼 주어+동사+목적어 형식으로 구성할 수 있어야 한다. 명사의 범주화는 감각입력자극이 '무엇'인지를 처리하는 지각과정에 사물의 언어적 대응과정에서 일어난다. 결국 인간 발성이 의사소통을 위한 상징적 발성이 되어 말소리가 되었고 말소리에 대응하는 사물의 시각정보 처리와 연결되면서 단어와 단어가 지시하는 사물이 대응관계로 연결되었다. 단어의 발음은 인간의 몸 전체 진화와 관련되며, 발화의 상징적 사용에 의한 문장 생성 과정은 인간의 인지작용에 관여하여, 인간이란 현상이 지상에 출현하게 된다.

가상을 만든 언어

가상세계는 인공지능에서 시작한 것이 아니라 인간이 감각에서 지각을 생성하면서부터 지구라는 행성에서 출현했다. 지각은 그 자체가 세계를 흉내 낸 환각이며, 대상에 대한 지각을 상징인 언어로 표상하는 과정이 바로 생각이다. 그리고 상징은 뇌가 스스로 내부적으로 생성한 자극이다. 그렇다면 생각도 그 자체로 환각이다. 우리는 감각의 자극으로 환각에서 벗어날 때 물리적 세계와 심리적 세계가 공존하는 현실세계에 참여하게 된다. 그러나 감각입력이 폭주하는 물리적 자연에서 동물은 감각에 구속된다. 동물은 이전 사건에 대한 기억이 약하다. 그래서 동물은 구체적 사건에 즉시 반응해야 한다는 긴박감을 갖고 있다.

그러나 인간은 꿈과 생각이라는 특별한 지각과정이 진화하면서 물리적 인과관계의 족쇄에서 벗어나서 제한 없는 가상세계를 출현시켰다. 물리적 공간의 인과율에서 자유로워진 인간은 자연 속에 가상세계

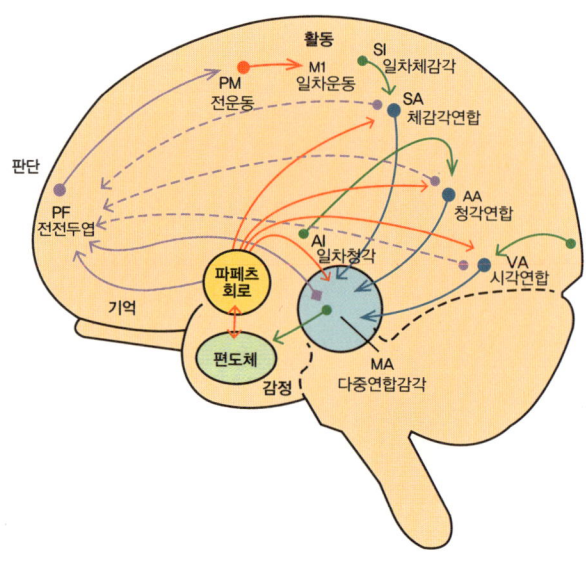

그림 3. 편도체와 감각입력 연결

라는 또 하나의 자연을 탄생시켰다. 이른바 에델만이 이야기하는 세컨드 네이처. 자신의 문제에 몰입할수록 생각은 자신만의 구체적 현실이 되고, 모든 사람은 각자마다 고유한 현실을 창조하게 된다. 현실이 생각에 의해 더욱 심각해질수록 감각이 차단되어 비현실적이 되는 역설이 생겨난다. 그 결과 현실적인 사람은 현실적 문제를 해결할 수 없다. 그래서 현실의 문제는 비현실적 생각과 가상세계를 해결해준다. 전두엽이 처리해야 할 현실 문제에 몰입할수록 감각이 사라지고 기억에만 의존한 강한 생각의 흐름이 만들어진다. 생각만 존재할 때 생각은 환각이 되고 완벽한 가상세계가 출현한다. 결국 우리의 현실도 환각이다.

기억은 꿈·상상·생각을 만든다

낮 동안에는 관심 대상에 주의를 집중하면서 정신활동이 진행된다. 반면에 렘수면 꿈에서는 등장하는 장면에 따라 주의가 분산된다. 변화하는 꿈의 내용에 따라 주의가 분산되지만 아세틸콜린의 작용으로 꿈에 등장하는 기억 단편들이 연결되면서 꿈의 짧은 이야기가 만들어진다. 꿈에서 다음 장면을 예측할 수 없는 이유는 주의력 결핍으로 기억 단서에 제한 없이 접근가능하기 때문이다. 낮 동안에도 주의가 산만해지면 상상과 공상이 펼쳐진다. 각성 시 주의력 분산은 일시적이지만 꿈에서 주의력 분산은 본질적이고 지속적이다. 뇌간 청반핵에서 분비되는 노르에피네피린의 작용 여부에 따라 주의집중과 주의력 분산이 각성과 꿈이라는 2개의 뇌 상태를 만든다. 낮 동안에는 감각의 폭주와 목적지향성으로 뇌는 각성된 상태를 유지한다. 목적지향성이 사라진 뇌는 공상에 빠지거나 멍해진다. 노르에피네피린의 분비가 약해진 상태인 꿈과 공상은 기억되기 어렵다.

낮의 각성 상태에서 목적지향성과 감각입력을 제거한 상태가 렘수면 꿈의 상태와 비슷해진다. 목적지향성이 없는 상태는 쉽게 생기지만 감각입력 차단은 쉽지 않다. 그래서 꿈과 현실의 비교는 새벽에 잠에서 깬 상태로 침대에 누워서 방금 꾼 꿈과 각성상태를 면밀히 오랫동안 살펴봐야 한다.

깜깜한 방에서 그냥 누워 목적 없이 생각을 방치할 때 전개되는 뇌의 과정이 렘수면의 상태와 비교할 만하다. 아무런 목적의식이 없으면 뇌가 인출하는 기억에 제한이 없어져 떠오는 생각들이 매 순간 맥락 없이 변화한다. 상상과 렘 상태 꿈은 주의력이 소멸된 점은 동일하지만 렘수면에서는 강한 정서가 동반한다.

꿈은 정서의 시각적 상영이다. 그리고 꿈에서는 분노와 공포가 주된 정서다. 공포감을 일으키는 정서적 상태가 먼저 생성되고 그 상황에 부합하는 기억단편을 인출하므로 꿈에서는 꿈의 내용과 정서가 부합된다. 렘수면 꿈에서는 내측전두엽, 편도체, 해마, 해마방회, 전대상회가 활발히 동작한다. 그 중에서 전대상회와 편도체가 특히 활발하다. 꿈에서 활성화되는 영역은 주로 감정 관련 영역으로 꿈에서는 전전두엽 대신 정서영역이 핵심 역할을 한다. 꿈속의 시각적 장면들은 연합시각피질에 저장된 기억이 재료이지만 꿈에서는 언어와 관련된 왼쪽 하두정엽의 작용은 약해지고 은유적 표현과 관련된 오른쪽 하두정엽이 활발

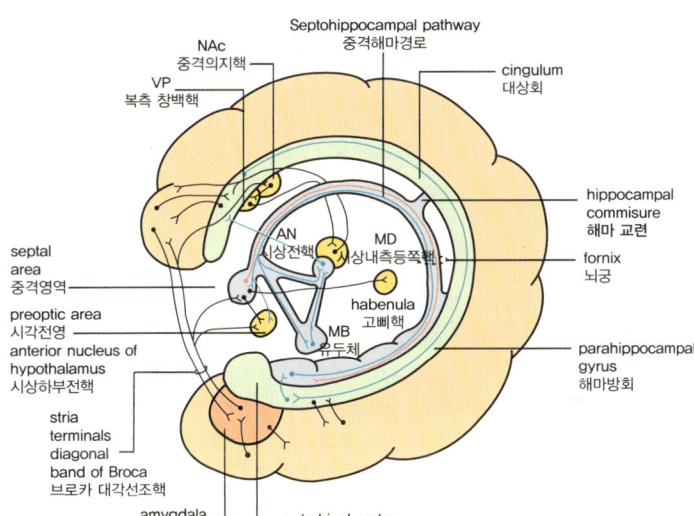

그림 4. 감정이 처리되는 파페츠 회로

해져 꿈은 언어의 직접 표현보다 정서의 은유적 표현이 우세하다. 그래서 꿈 내용은 어떤 암시로 가득하다고 느껴지고 우리는 꿈의 의미를 해석하려 노력한다. 꿈은 잊히도록 진화해왔다. 하지만 잊히지 않은 꿈은 현실이 된다.

  감각입력이 없는 상황에서 작동하는 지각을 환각이라 한다. 감각 없이 전개되는 시지각이 렘수면 꿈의 주된 내용이어서 꿈은 그 자체로 환각이다. 낮 동안 내면상태에 몰입하면 외부감각이 입력되지 않고 기억에만 의존하는 뇌 작용이 전개되어 생각의 흐름이 생긴다. 그래서 놀랍게도 생각과 꿈은 외부감각이 입력되지 않는 비슷한 뇌 작용이다. 서파수면의 뇌파는 느리고 큰 전압의 동기된 파형이다. 그러나 렘수면과 각성상태의 뇌파는 거의 비슷한 빠르고 전압이 낮은 비동기파이다. 각성과 렘수면 동안 뇌파의 유사성은 꿈과 각성상태를 살펴보는 관점을 차이점보다 유사성에 더 주목하게 한다.

지금 자세히 보고 있는 사물을 눈 감고 생각으로 그려보려면 막연해진다. 눈 감으면 형태가 사라진다는 사실은 항상 진실이 아니다. 눈을 감아도 꿈에서는 생생한 장면들이 상연된다. 꿈에 시각장면이 보이는 현상은 연합시각피질에 저장된 기억의 인출과정으로 설명된다. 그런데 눈 감고 시각 이미지를 상상하기가 힘든 현상은 놀랍다. 눈 감고 사과를 상상해보면 형태보다 색깔을 상상하는 것이 더 힘들다.

그런데 자신이 혼자 속으로 하는 말은 항상 의식된다. 깨어 있는 동안 시각적 상상이 힘든 이유는 혼자 속으로 말하는 언어에 가려지기 때문이다. 눈을 감으면 시각자극이 사라지지만 자신이 속으로 하는 말은 점점 더 명확해진다. 눈을 뜨면 시각적 자극이 쏟아지지만 우리가 주의하는 일부의 사물만이 지각된다. 영화를 보는 것처럼 주변 환경을 수동적으로 자각할 뿐이다.

시각입력과 혼자 말하는 언어 처리가 동시에 진행되므로 시각 자극은 대부분 무의식적으로 처리된다. 생각의 흐름에 시각자극이 약해지거나 무시된다. 생각에 완전히 몰입하면 시야는 좁아지고 눈앞 사물도 지각되지 않는다. 꿈에서는 반대로 언어의 힘이 약화된다. 꿈에서는 언어가 시각을 차폐하지 않는다. 그래서 렘수면의 꿈은 시각 이미지가 유난히 생생하다. 생각이란 혼자 속으로 하는 말소리를 청각피질이 지속적으로 듣고 있는 뇌 정보처리 과정이다. 생각의 재료는 기억이다. '기억난다'는 '생각난다'와 같은 현상이다. 기억에만 의존하는 뇌 처리과정은 생각과 꿈이다. 생각에 몰두하면 감각이 차단되고 기억 가닥을 계속해서 연결한다. 갑작스런 감각자극은 기억 인출을 방해해서 생각이 사라진다. 그러나 꿈에서는 감각입력이 처음부터 차단되어 있기에 시각 기억을 불러내는 데 장애가 없다.

꿈에서는 언어의 힘이 약해진다. 그래서 꿈 내용에는 언어로 구성되는 '생각'이 구체적으로 드러나지 않는다. 언어의 차폐가 사라지면 시각이미지가 생생해져서 꿈은 유난히 생생한 의식이 된다. 생각과 의식은 다르다. 생각 없는 의식은 가능하지만 의식 없는 생각은 불가능하다. 생각은 그 자체가 의식되고, 의식의 바탕 위에 생각이 흘러간다.

생각은 언어로 표현된 기억이며, 꿈은 시각으로 표현된 기억이다. 생각은 언어로 표상되고 꿈은 이미지로 표상된다. 발음되지 않고 뇌 속에서만 처리되는 언어가 우리의 생각이다. 생각은 주로 감각입력에 의해 방해를 받는다. 그래서 연약한 생각을 지속하기 위해서는 생각에만 집중하고 감각을 차단해야 한다. 깨어 있는 동안에도 생각에 집중할 수 있는 기간은 의외로 짧다. 10분 이상 한 가지 생각에 집중하기 어렵다. 주의가 분산되며 상상과 몽상을 한다.

주의가 분산되면 주의집중 신경물질인 노르에피네피린 분비가 약해져 듣거나 본 내용이 기억으로 전환되지 않는다. 그래서 조금 전에 상상했던 내용이 거의 기억이 나지 않는다. 꿈과 상상은 기억되지 않는다. 기억의 필요조건은 주의집중이기 때문이다. 깨어 있는 동안 눈을 감고 사물의 형상을 상상하기 어려운 현상은 언어와 감각의 상호작용을 이해하게 해준다. 꿈속에서 나는 과거 경험기억이 없다. 꿈속에 등장하는 다른 사람들에 대해서 이전의 기억을 거의 반영하지 못한다. 그래서 등장인물들의 행동을 예측할 수 없다. 꿈속에서는 친구나 가족의 현재 상황이 반영되지 않아서 지금은 생존하지 않는 사람이 등장해도 놀라지 않고 생시처럼 대한다.

자신의 이전 기억이 꿈에 거의 반영되지 않는 현상은 꿈의 중요한 미스터리 중 하나다. 각성 시에는 전전두엽과 해마의 상호연결로 환경자극에 대한 반응에 이전 경험기억을 반영할 수 있다.

기억은 꿈을 만들고 꿈은 기억을 만든다

대략 1억 4,000만 년 전 출현한 원시적 포유류인 바늘두더쥐는 서파수면만 가능하며 이후에 진화한 포유류인 유대류와 태반포유류에서 렘수면이 확실해진다. 렘수면이 없는 바늘두더지는 운동학습을 사건현장에서만 하게 되어 다른 대뇌피질에 비해 전두엽이 크게 확장되었다.

그러나 동물이 잠을 자는 이유에 대한 과학적인 이론은 명확히 확립되어 있지 않다. 잠을 자야만 하는 이유에 대한 다양한 학설에서 최근 주목 받고 있는 설명은 수면과 기억의 상호관계다. 서파수면은 해마에서 일시적으로 저장된 사건기억이 대뇌연합피질로 이동하는 현상과 관련되며 렘수면의 꿈은 대뇌피질로 이동한 기억이 공고화되는 과정과 관계된다. 이처럼 수면과 꿈은 기억능력의 진화와 관련된다.

꿈에서는 외부세계의 공간과 시간 정보를 반영할 수 없으며 내부의 논리적 사고의 감독이 없는 상태에서 정서의 영향을 강하게 받는다. 그래서 꿈에서는 오직 정서적 내면상태만 존재한다. 객관 외부세계의 비교대상이 없는 상황에서 꿈은 시각과 운동이 가득한 독자적인 환상의 세계상을 상영한다. 그래서 꿈은 꿈을 깨기 전에는 꿈인지 모른다. 꿈이라는 자체 완결적 세계 속에서 나는 맹목적으로 움직이고 놀라움을 느낀다. 꿈속에서 주인공인 나는 과거의 기억에 접근할 수 없는 기억상실 상태다. 그러나 꿈에서 일화기억의 자전적 회상은 불가능하지만 놀랍게도 자아감은 확실하다. 꿈에서 자아는 움직임의 주체에 대한 느낌에서 생겨난다. 꿈속에서는 감정의 뇌가 영화감독이 되어 시각이미지를 불러와서 은유적으로 상영한다.

낮의 '현실'이라는 영화의 감독이 전전두엽이라면 꿈속 '드라마'의 감독은 정서의 뇌다. 전전두엽이 작동하는 현실은 논리적 맥락으로 예측 가능한 드라마이지만 꿈은 시간과 공간이 불연속 돌발적인 상황으로 가득하다. 그래서 현실은 인과로 연결된 연속의 세계라면 꿈은 예측이 불가능한 불연속 세계다.

뇌는 감각으로 현실을 만든다

객관 세계는 감각입력을 통해 뇌가 지각으로 재구성한 세계다. 즉 세계는 뇌의 창조물이다. 현실세계는 감각과 지각이 함께 작동하는데, 간혹 생각에 몰입하면 지각만이 작동한다. 대상에 대한 감각입력이 없는 상태에서 지각만 작용하는 생각 상태가 환각이다. 환시는 정상인도 특별한 상황에서 발생할 수 있지만 환청은 대개 병적인 상태와 관련된다. 우리가 무언가에 몰입하여 생각하면 눈앞에 바로 존재하는 사물도 보이지 않는다. 이처럼 의식은 외부자극과 내부자극 사이로 분배될 수 있다.

몰입된 생각과 꿈에서는 전적으로 내부자극에만 의식이 전념한다. 그래서 생각에 몰두할수록 감각은 차단되고 완전한 내면의 상태만 존재하게 되어 꿈과 같은 상태가 된다. 꿈과 몰입된 생각은 내면상태만 존재하는 드라마다. 즉, 생각이 환각일 수 있다. 현실은 생각이 끊어지는 틈새로 감각적으로 순간순간 존재한다.

생각은 범주화된 지각의 언어적 지시과정이다. 그리고 생각은 지각의 상위과정이 아니고 기억처럼 지각처리 과정의 한 단계다. 단편적 감각입력이 '무엇'이고 '무엇을 의미'하는지를 밝혀내는 창조적 과정이 지각이다. 감각 대상이 무엇인지 아는 과정이 곧 기억 저장과정이 된다. 감각된 대상의 의미를 밝히는 과정이 생각이 된다. 그래서 기억과 생각은 지각의 한 형태다. 지각은 그 자체가 만들어가는 창의적 과정이기에 사람마다 다를 수 있다. 생각은 기억의 이미지를 연결하는 연상과정이며 생각에서 기억은 주로 언어로 표상된다. 언어의 핵심은 사물과 사물을 지시하는 소리의 대응관계다. 이 지시관계를 나타내는 단어 그 자체는 관습적으로 생성되며, 실체가 아닌 상징이다. 하지만 상징은 그 자체로는 존재하지 않는 환각과 같다. 생각은 현실을 반영하는 환각이란 관점에서 꿈과 같고, 생각은 언어에 의한 상징적 표상이므로 실제가 없는 환각과 같다. 결국 내면에만 몰입된 생각과 꿈은 감각세계가 배제된 환각의 세계다. 신체감각이 없는 편안한 상태에서 논리적 사고 없이 흥미로운 영화에 몰입하여 끝없이 영화를 본다면 현실과 영화는 구분하기 어렵다.

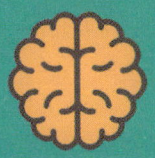

2부

뇌를 보고 알기

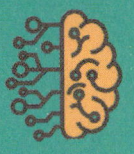

뇌 기능과 신호 측정

뇌는 움직임과 소리가 없는 조용한 기관이지만, 몸 밖으로부터 물리, 화학 신호를 받아들여 신호를 결합·변형하여 정보를 구성하고 이 정보를 기존 정보와 비교하여 사람이 보고, 듣고, 생각하고, 느끼고, 움직이게 한다.

뇌 기능은 신경세포 연결과 소멸로 기억이 새로 만들어지거나 소멸되는 세포 수준 연결, 신경세포의 연결인 시냅스 연결과 연결 세기로 신경망이 구성되는 시냅스 수준 연결, 전압과 전류로 신경세포 신호를 전달하는 뇌 전기회로 수준 연결, 신경 해부학 뇌 구조에 할당된 기능이 서로 연결되어 뇌 신호를 처리하고 만들어 출력하는 기능 수준 연결과 순차적 또는 동시 다발로 뇌 기능의 요소들이 구성되어 인간 행동을 만들어내는 행동 수준까지 계층적 구성으로 이루어진다.

뇌 기능은 보이지 않는 뇌 속 신경세포에서 발생하는 전파인 전기장 또는 자기장을 머리에 설치한 여러 개의 전극으로 검출하고 그 신호를 분석하여 뇌파를 발생시키는 장소의 뇌 회로와 회로 연결에서 찾는다. 신경회로 신호전달은 전기신호 형태로 전달되며 신경회로는 두 신경세포 사이를 시냅스로 연결되어, 신경세포 안과 밖에서 발생한 전압과 전류 신호는 세포에서 전자기장을 발생시키고 이 전자기장은 세포 밖으로 전파되어 두개골 밖 두피에서 전기신호를 측정할 수 있다. 두피를 따라 설치된 여러 개의 전극에서 측정한 신호를 분석하여 알게 된 뇌파가 발생하는 위치와 신호 발생 시간 정보는 입력신호 처리와 변환 그리고 출력신호를 만드는 뇌 회로와 회로 연결과 기능을 보여준다.

뇌에서는 전기신호인 전파와 화학신호인 산소 분포도가 발생한다. 전파는 매질을 관통하는데, 이 속성 덕분에 두피에서 전파를 측정할 수 있다. 하지만 두피를 지나며 신호 감쇄가 매우 크기 때문에 보다 자세한 뇌파 정보를 얻으려면 두개골을 열어야 한다. 뇌 표면에 전극을 설치하여 약한 신호까지 검출하면 뇌 동작 정보를 얻을 수 있다. 두개골로 덮여 있는 뇌에서는 우리 눈에는 보이지 않는 뇌파 정보가 방사되고 있는데 이것이 바로 우리 생각을 들여다볼 수 있는 정보다. 마찬가지로 두개골 근처에 근적외선 빛을 쪼여주면 혈류량과 혈중산소량에 따라 그 빛의 흡수율이 다르다. 이때 반사되는 빛을 측정하면 뇌의 활성도를 간접적으로 측정할 수 있다.

뇌는 약한 신호를 방출하기 때문에 신호 검출 전극과 검출 신호 증폭기를 만드는 방법이 중요하며 뇌에 직접 전극을 연결할 경우 전극을 지지하는 유연하고 얇은 막을 제작해야 한다. 검출된 신호에서 필요한 뇌파 발생원을 알기 위하여 뇌파신호를 처리하여 신호원을 찾아야 한다. 근적외선을 사용하여 두피에서 피질의 혈류량을 측정하기 위해서는 근적외선 광원과 결합된 근적외선 광수신기가 필요하다.

전기신호와 화학신호를 피질 근처에서 측정하여 뇌 부위별 활동성과 연결성을 찾아 뇌 기능을 알고 이로부터 의식과 몸의 상태 그리고 마음의 움직임인 감정을 알게 된다.

뇌가 아플 때 생기는 일

한편 설계된 입력신호를 인가하여 뇌에서 처리되는 신호 발생 위치와 순서를 측정하여 입력신호에 따라 활성화되는 뇌 구조에서 위치와 연결정보와 이때 출력되는 운동신호로부터 입력신호를 받았을 때 일어나는 구조, 연결, 기능을 알 수 있다.

뇌 질환을 가진 뇌의 뇌파 신호를 두피에 부착된 전극을 통하여 정상 뇌의 뇌파와 비교하여 뇌 질환을 발생시키는 뇌 부위를 찾는다. 이와 함께 뇌파 신호가 발생되는 시간에 따른 분석으로 어떤 순서로 뇌에서 신호가 전달되는지를 알게 된다. 정상 뇌에서 구한 뇌파 신호를 분석하여 신호 발생과 전달 정보를 분석하고 뇌 질환을 일으키는 뇌파 신호를 분석하여 원인이 되는 부위를 찾아 치료할 수 있게 된다.

신경계 질환의 치료 방법은 크게 3가지로 분류될 수 있는데 유전자 조작을 통하여 잘못된 세포 기능을 복구하고 이 복구된 세포가 뇌 회로에 적용하여 기능을 회복시키게 하는 세포 수준의 치료법, 유전자 조작이나 약물로 세포 내 단백질을 조절하는 법, 마지막으로

앞선 분자 또는 세포 수준 질환의 치료 방법보다는 세밀함이 떨어지는 전기 자극 또는 광자극의 전기신호를 신경에 직접 자극하여 전기신호 발생 기능을 복구하는 회로 수준 치료법이 있다.

세포 수준 연결에서 유전자 변형을 이용하여 세포의 에너지 공장인 미토콘드리아 기능을 중지시키고 이를 도파민성 신경로에 적용을 하여 뇌 회로 수준까지 확장 구성하여 운동 기능에 미치는 영향을 확인할 수 있다. 또한 세포 유전자 조작으로 세포 기능을 제거하거나 새로운 기능을 부여하고 변형된 세포로 세포의 기능을 조절하고 이를 연결된 뇌 회로에 적용하여 뇌 기능을 검증할 수 있다. 세포 수준에서 기능을 조절하여 뇌 기능을 보기 때문에 뇌 기능 묘사가 가능하며 세포 기반으로 뇌 질환을 치료하게 한다.

회로 수준 치료는 증상이 발생하는 회로를 찾고 그 회로에 자극을 직접 가하는 방식으로, 정확한 치료점을 찾아 뇌에 전극을 삽입하거나 두피에 전극을 붙이는 방법으로 자극 신호를 전달한다.

이러한 치료법을 위해서는 다양한 입력신호를 설계하여 몸을 통하여 뇌에 입력하고 뇌에서 발생하는 신호를 뇌파와 fMRI를 이용하여 전기적, 화학적 신호를 분석하여 뇌 구조, 연결, 기능을 찾아야 한다. 또한 이 과정을 정상 뇌와 신경질환 뇌에 적용하여 같은 입력신호에 따라 다른 신호를 보이는 질환을 일으키는 뇌 회로를 찾고 이 회로가 비정상 동작을 하는 원인을 찾아야 이에 따른 적절한 치료가 가능하다.

감각기능이 정상적이지 못하면 뇌에 아무런 이상이 없어도 그 감각과 관련된 기능이 모두 정지되고 퇴화된다. 감각 신경과 연결된 감각기관은 물리적 신호인 빛, 소리, 압력, 온도, 피부 당김, 피부 비틀림 신호를 감지하고 화학적 성분인 기체와 액체를 감지한다. 물리, 화학 신호는 감각기관에서 전기 신호로 변환되어 감각 입력신호로 뇌와 척수에 전달된다.

감각기관이 선천적 또는 후천적으로 이상이 발생하여 감각신호를 만들지 못할 때 공학기술을 이용하여 감각기관을 제작하고 인체에 적용하려고 노력한다. 소리는 달팽이관에서 주파수별로 분리하여 전기신호로 변환하는데, 이 달팽이관 이상으로 듣지 못할 때 인공 청각기구를 이식하면 소리를 들을 수 있다. 인체 감각기관 기능을 모사하여 기능적 재질을 공학 기술로 제작하여 물리적 소리를 주파수별로 분리하고 분리된 떨림 신호를 전기 신호로 변환하는 인공 감각기능을 만든다.

2장

뇌의 신호를 보는 방법

장경인
대구경북과학기술원 교수

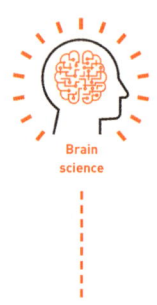
Brain science

전뇌電腦. 일본 유명 애니메이션 '공각기동대'에서는 뇌에 컴퓨터를 연결하여 뇌를 전자화시킨 전뇌가 자주 등장한다. 이 작품에서 주인공인 모토코 소령은 은밀한 침투작전을 성공시키기 위해 자신의 전뇌를 이용하여 자신의 생각을 다른 요원에게 전달한다. 그녀는 굳이 목소리를 내거나 무전기를 꺼내야 하는 위험을 감수할 필요가 없다. 자신의 전뇌가 작전 요원의 전뇌와 무선통신을 하여, 실시간으로 작전명령을 직접 내릴 수 있기 때문이다. 즉, 공학적 개념의 텔레파시를 활용한 셈이다. 이 작품이 발표된 시점이 1995년이라는 점을 감안하면 전뇌를 이용한 전투장면이 그 시대의 일반 대중에게는 지극히 파격적인 공상과학 이야기로 다가왔을 것이다.

그로부터 15여 년이 지난 후, 인류는 빠른 속도로 진척된 공학기술을 기반으로 인공 텔레파시 기술을 구현하려는 대담한 시도를 한다. 미국 고등국방연구소Defense Advanced Research Project Agency, DARPA는 작전 중인 군인의 뇌신호를 실시간으로 해독하여 착용자의 생각을 읽어내고, 해독된 내용을 다른 군인에게 무선통신망을 통해 전달하는 기술을 개발하고 있다. 프로젝트명 '사일런트 토크Silent Talk'. 이 연구팀은 우리 뇌가 특정한 단어를 소리내기 전에 단어-특이적인 뇌전도를 발생시킨다는 점에 착안하여 방법론을 제시하였다. 즉, 병사의 헬멧에 무선뇌전도측정장치를 장착하여 실시간으로 병사의 생각에 따른 뇌전도 신호를 해독하여 외부로 무선 전송하는 방식이다.

이러한 방법론은 말하기와 글쓰기 등으로 대표되는 기존의 의사전달 방식과 다른 방식일 뿐만 아니라, 디지털 신호로 생각을 소통하기 때문에 공간적, 지역적, 언어적 제약을 뛰어넘는 의사소통의 새로운 패러다임을 개척할 수 있다. 예를 들면, 영어를 구사하지 못하는 한국인과 한국어를 구사하지 못하는 미국인이 뇌전도 기반의 의사소통 시스템을 이용해 자유롭게 대화를 할 수 있다거나, 의사소통의 장애를 가진 사람에게 새로운 의사소통도구를 선물해줄 수도 있는 것이다.

잘 알려진 사례로 영국의 세계적인 이론물리학자 스티븐 호킹 박사가 있다. 그는 케임브리지대학원에 다니던 중에 루게릭병이라 불리는 '근위축성 경화증' 진단을 받았다. 난치성 희귀병인 루게릭병은 시간이 지나면서 손과 손가락, 다리의 근육이 약해지고 가늘어지는 질환이다. 병세가 악화되면서 그는 필기구를 이용해 복잡한 이론을 유도할 수도, 컴퓨터 자판을 이용해 논문을 작성할 수도, 심지어는 목소리를 내어 가족과 대화를 할 수도 없는 처지가 되었다.

이런 그를 위해 스탠퍼드대학교의 신경과학자인 필립 보 박사는 '아이브레인'이라는 뇌파탐지기를 개발하였다. 이 장치는 뇌파를 측정하는 전극이 있는 검은색 밴드와 검출된 뇌파를 판독하는 소형 컴퓨터로 구성되어 있다. 사용자가 밴드를 머리에 쓰고 특정한 생각에 집중하면 그에 관련된 특정 뇌파가 발생하는데, 발생된 뇌파는 이 장치를 통해 실시간으로 측정되고, 이때 사용자가 말하고자 하는 단어 사이의 연관성을 분석하여 개인 맞춤형 뇌파-언어의 데이터베이스를 구축할 수가 있다. 어느 정도 데이터베이스가 축적되고 나면 해독의 정확도가 높아지는데, 이때부터는 사용자의 생각을 실시간으로 해석하여 모니터 화면에 표시하거나 스피커를 통해 다른 사람에게 음성으로 들려줄 수 있다. 이러한 일련의 과정을 통해 필립 보 박사는 육체를 통한 의사표현이 극도로 어려워진 호킹 박사에게 새로운 의사소통수단을 제공할 수 있었다.

앞서 기술한 바와 같이, 첨단 공학기술을 생물학적 뇌에 공학 시스템을 이식하여 뇌 본연의 기능을 증강하거나 또는 부분적으로 손상된 뇌의 기능을 재건하는 연구 분야를 뇌공학이라고 한다. 그중에서도 뇌-기계 인터페이스Brain-Machine Interface, BMI 또는 뇌-컴퓨터 인터페이스Brain-Computer Interface, BCI는 뇌의 신경신호를 읽어 외부 기기를 제어하거나 외부와 통신할 수 있는 기술이다.

이 기술은 21세기 첨단과학의 미개척지로 남아 있는 우리의 뇌를 이해할 수 있는 수단으로써, 가상현실, 증강현실의 차세대 플랫폼으로써, 초고령화 시대에 급증하고 있는 뇌 질환을 정복할 수 있는 잠재력을 가진 기술로써 큰 기대를 받고 있다. 현재까지 전 세계 수많은 뇌과학자의 생물학적 기전에 대한 깊은 지식과 공학자의 창의적인 아이디어가 융합되어 지속적으로 기술의 한계를 돌파해내고 있으며, 머지않은 미래에 '공각기동대'의 전뇌 통신의 완전한 구현을 우리가 직접 목도할 수 있을 것이다.

뇌의 신호를 읽는 법

두피를 통해 간접적으로 측정

• 이마에 흐르는 전기장 활용

우리의 이마에는 전기가 흐른다. 우리의 뇌는 몸을 관장하는 중추적인 역할을 하는 중앙정보처리기관으로서 우리가 잠이 든 사이에도 쉬지 않고 활동한다. 뇌는 무수히 많은 신경세포로 구성되는데, 각각의 신경세포는 미세 전류를 다른 신경세포와 교신하는 매개체로 사용한다. 이러한 뇌의 신경세포군群의 전기적 활동 때문에 뇌 속뿐만 아니라 뇌를 감싸고 있는 두개골 그리고 두피까지도 전기장이 형성된다. 이때 이마에 전기가 통하는 전극을 붙여 전압(두피뇌전도)을 측정하면, 활동 중인 신경세포에 직접 연결하여 측정하는 것까지는 아니더라도, 뇌의 활동량을 간접적으로 진단해볼 수 있다.

1924년, 독일의 정신의학자 한스베르거가 자신의 아들 머리에서 인류 최초로 뇌파를 성공적으로 측정한 이후 전 세계적으로 큰 관심을 받았는데, 그 이유는 다음과 같다. 이 두피뇌전도측정법은 뇌의 활동을 외과적인 수술 없이도 안전하게 측정할 수 있고, 두피에 직접 접촉이 가능한 헬멧 형태의 측정기를 쓰는 것만으로 측정이 용이하고, 스마트폰

그림 1. 두피 뇌전도를 측정하는 기기의 발전

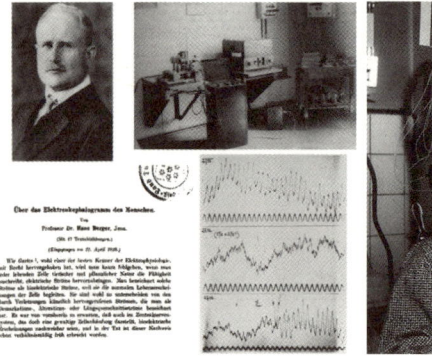

* 좌측, 가운데 : 1924년, 우측 : 오늘날

같은 무선통신기기와 손쉽게 연동되면서 이 기기를 사물인터넷처럼 언제, 어디서나 활용할 수 있기 때문이다.

하지만 두피를 통한 뇌전도기법은 사람의 생각을 읽어낼 수 있을 만큼 높은 공간해상도를 확보하는 데 한계가 있다. 주된 이유로는 전류를 발생시키는 신경세포에서 전기활성도를 측정하는 것이 아닌, 두피에서 간접적으로 측정하기 때문이다. 신호발생지점부터 꽤나 멀리 떨어진 피부에서 뇌파를 검출하기에 특정한 뇌의 신호만을 골라서 분석하기 쉽지 않고, 머리 표면과 뇌 사이에 위치하는 두개골이 전기가 잘 통하는 물질이어서 신호 자체의 크기도 크지 않아 분석이 쉽지 않다.

그래도 여전히 두피뇌전도기법의 용이함과 손쉽게 두뇌의 활동량을 읽을 수 있다는 장점이 있어 광범위한 바이오의료 분야에서 활용이 되고 있으며, 최근 4차 산업혁명의 일환으로 급부상하고 있는 가상현실, 증강현실 관련 콘텐츠와 연동된 생각-기계 인터페이스 Mind-Machine Interface,

MMI와 같은 새로운 시장이 창출되고 있어 앞으로의 발전이 기대된다.

휴대전화의 백색광 플래시에 손가락을 올려보자. 손가락에 붉은 빛이 감도는 것을 알 수 있다. 백색광에 혼합되어 있는 다양한 빛의 색깔 중에 유독 붉은 색이 상대적으로 덜 흡수되어 손가락을 통과하기 때문에 우리가 눈으로 붉은 빛을 볼 수 있다. 좀 더 자세히 살펴보면 손가락의 붉은 빛이 마치 반딧불처럼 밝아졌다 어두워졌다하는 것을 알 수 있다. 이는 손가락 속에 모세혈관에 흐르는 혈액의 양이 시시각각 변화하기 때문이다. 흐르는 혈류의 양이 많아질수록 붉은 빛이 더 흡수되고, 반대로 적을수록 덜 흡수된다.

이는 심장의 펌프운동을 엿볼 수 있는 방법이기도 하다. 심장이 펌프운동을 통해 우리 몸의 구석구석에 혈액을 공급하는데, 손가락 끝에서도 심장의 박동에 맞춰 그 혈류량이 변화하기 때문이다. 심장박동수뿐만 아니라 혈중산소량의 변화를 함께 분석할 수 있는데, 이는 산소 운반을 담당하는 혈액 속 헤모글로빈이 산소와 결합되어 있을 경우와 그

그림 2. 우리 몸을 투과하는 빛. 손가락 속 혈관을 드러내기도 한다.

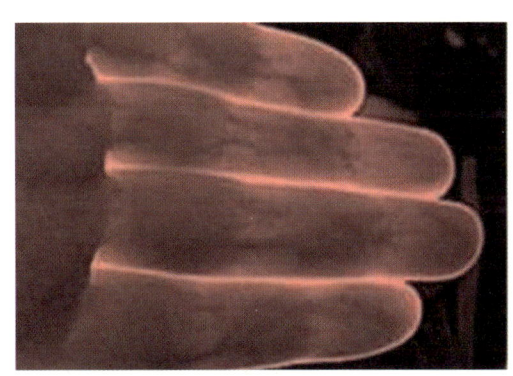

렇지 않은 경우에 빛을 흡수하는 정도가 다르기 때문이다. 빛을 이용하여 우리 몸속의 혈류 흐름과 그 성분을 분석할 수 있는 이러한 방법을 근적외선분광법Near InfraRed Spectroscopy, NIRS이라고 한다. 빛을 낼 수 있는 광원과 빛의 세기를 검출할 수 있는 광측정기, 그리고 간단한 분석시스템만 있으면 언제 어디서나 심장박동과 혈중산소량을 측정할 수 있다.

사실 이 근적외선 분광법은 뇌의 활동량을 분석하는 용도로 적용할 때 그 가치를 발한다. 뇌의 신호를 측정하기 위해서 외과적인, 그러니까 물리적인 수술을 하지 않아도 되기 때문이다. 두피에 센서를 붙이거나 모자처럼 씌워 사용한다는 점에서 앞서 기술한 두피뇌전도신호와 비슷하게 보일 수 있다. 실제로 간접적인 뇌신경신호를 측정하고 뇌활성도를 매핑한다는 개념에서 유사하다.

이 기술은 피부의 전도도에 의해 영향을 받는 두피뇌전도에 비해 노이즈가 적고, 뇌의 활성도뿐만 아니라 추가로 뇌혈류량의 구성성분, 즉 용존산소포화도를 측정할 수 있는 장점이 있다. 최근 간편하게 모자처럼 쓰는 뇌혈류분석장비가 개발되어 일상생활에서 우리가 느끼는 감정과 의식을 분석하는 새로운 시도가 줄을 있고 있다. 즉, 이 기술을 우리의 마음을 엿보고 뇌의 신비를 이해하는 도구로 활용하려는 것이다.

그림 3은 바이올린 듀오가 뇌혈류분석장치를 머리에 쓰고 연주하는 모습이다. 사진에 나타난 것처럼, 같은 음악을 연주하고 있는 이들의 뇌의 활성도가 서로 상관관계가 깊음을 가시화하여 보여주고 있다. 음악이라는 매개체로 사람과 사람이 교감하고 있는 순간을 공학적인 방법으로 시각화한다. 간단하고 쉬운 방법으로 우리 뇌의 활동을 분석

그림 3. 뇌혈류분석장치로 바이올린 연주자의 뇌활동을 분석

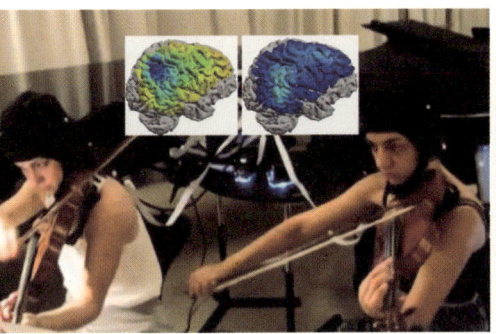 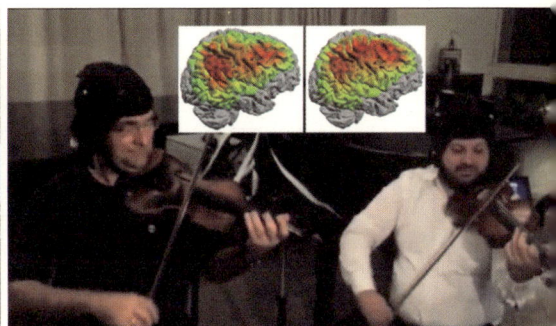

할 수 있는 장점이 있어, 영화를 볼 때 관객이 느끼는 감정을 분석하거나 식물인간의 의식의 상태를 진단하는 등의 실로 광범위한 응용분야와 맞물려 새로운 뇌공학기술과 그와 연관된 고부가가치산업을 창출할 것으로 기대된다.

• 3차원 뇌 기능 영상의 시작

자기공명영상기술Magnetic Resonance Imaging, MRI 또는 핵자기공명 컴퓨터단층촬영 Nuclear Magnetic Resonance Computed Tomography, NMR-CT은 영상기술 중의 하나로 핵자기공명 원리를 사용한다. 자기장을 발생시키는 자기공명 촬영장치에 인체나 생체구조를 위치시킨 후 고주파를 발생시키면 생체 내부의 수소 원자핵이 공명하게 된다. 이때 나오는 신호차이를 측정하고 컴퓨터를 통해 재구성하면 우리가 병원에서 흔히 볼 수 있는 자기공명영상이 된다.

즉, 우리의 몸의 내부구조를 3차원 이미징을 하는 것이다. 병원에서 의사가 뇌종양환자에게 병변부위를 보여주는 것을 그 예로 들 수 있다.

앞서 기술한 두피에 부착하여 뇌의 신호를 보는 두피뇌전도신호나 근적외선분광법과 달리 이 방법은 뇌를 포함한 인체의 내부의 안쪽까지 3차원 고해상도 이미징이 가능하다.

이 자기공명영상기술은 생체의 구조적인 모습을 들여다보는 데 활용이 되었는데, 1992년 벨연구소의 세이지 오가와는 자기공명영상기술이 뇌의 구조뿐만 아니라 우리가 운동이나 생각을 할 때 뇌의 특정 부위가 활성화되는 영역을 측정할 수 있음을 밝혀냈다.

우리 뇌의 신경세포가 활성화될 때 신경세포에 산소소모량이 증가하면서 동시에 그 주변부에서 국소뇌혈류량이 증가하는 특징이 있다. 오가와 박사는 혈류 속에서 산소와 결합된 산화헤모글로빈은 자기장에 반응하지 않지만, 산소와 결합하지 않은 환원헤모글로빈이 선택적으로 자기장에 반응한다는 점에 착안하였고, 이를 자기공명장치를 이용하여 촬영한다면 뇌 혈류량의 변화에 따른 Blood Oxygen Level Dependent, BOLD 신호를 기반으로 한 뇌활성화 이미징이 가능할 것으로 예상했다.

즉, 강한 자기장을 이용하여 생체조직의 3차원 구조적 영상의 고해상도로 촬영하는 자기공명영상기법을 이용하여 뇌혈류 속 헤모글로빈의 비율과 그에 상응하는 뇌의 활동량을 분석하고자 한 것이다. 실로 기발한 아이디어였고 결과는 대성공이었다.

그는 자기공명영상기술을 적용하여 3차원 고해상도 뇌혈류를 이미징하는 데 성공하였으며, 이를 새로운 뇌 기능영상기술인 기능적 자기공명영상 Functional Magnetic Resonance Imaging, fMRI이라고 전 세계에 발표하였다. 그 파급효과는 대단하였는데, 이 기술이 발명된 후 25여 년이 지난 지금까지 밝혀낸 뇌에 관한 신비는 그 전까지 인류가 이해하고 있던 뇌에 관한 지식보다 월등히 많다고 할 수 있다.

fMRI는 외과적 수술 없이 뇌의 구조뿐만 아니라 활성도를 3차원 고해상도 이미지로 얻을 수 있는 획기적인 기술이며, 현재 많은 뇌과학 연구자들은 이 장치를 이용하여 뇌의 연결성지도를 만드는 데 활용하고 있다. 구체적으로는 확산텐서영상Diffusion Tensor Imaging, DTI을 이용하는데, 이는 자기공명영상의 최신 기법으로 우리 몸의 물분자 이동, 즉 확산하는 방향성을 측정하는 기법이다. 우리 뇌 속 신경 섬유다발 내의 물분자의 이동을 측정하면, 그림 4와 같이 뇌의 구조적 특징뿐만 아니라 신경섬유다발이 해부학적으로 정렬된 형상을 고해상도로 측정할 수 있다.

뇌는 각 영역이 유기적으로 연결된 대규모 복합 연결망이라 할 수 있

그림 4. fMRI의 뇌의 구조(좌)와 신경다발형상(우) 사진

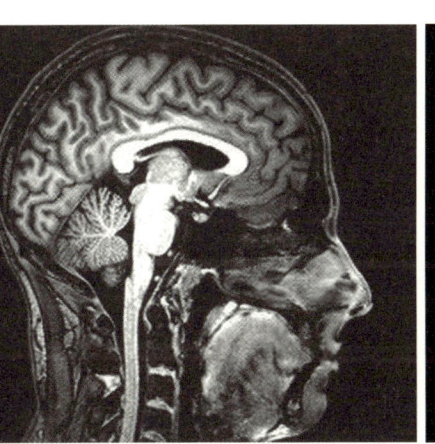
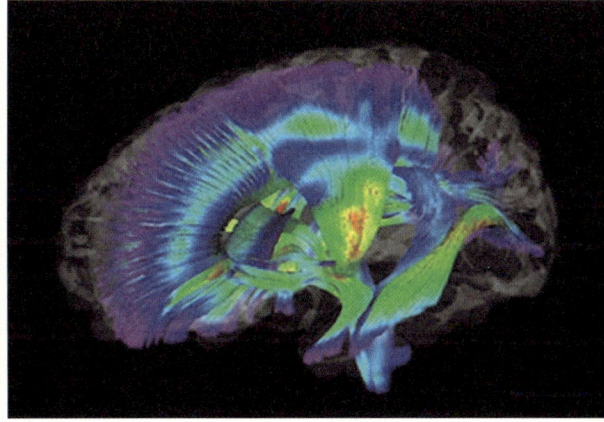

* 출처
왼쪽 : https://commons.wikimedia.org/wiki/File:FMRI_Brain_Scan.jpg
오른쪽 : https://www.asianscientist.com/2015/08/in-the-lab/childhood-onset-schizophrenia-sibling-risk/

그림 5. fMRI를 이용하여 분석한 뇌신경 연결지도

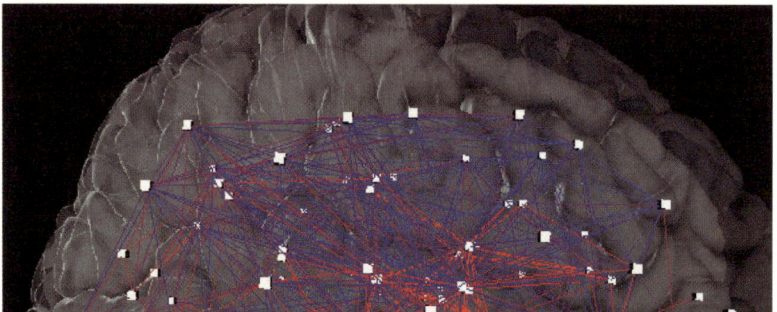

* 출처 : https://commons.wikimedia.org/wiki/File:Budapest_Reference_Connectome.png

다. fMRI로 얻은 뇌의 구조적 형상과 각 뇌의 영역 간 신경연결망은 이러한 뇌를 분석하는 데 아주 중요한 분석 자료다. 마치 우리가 우리나라의 유통구조를 이해할 때, 각 지역의 위치뿐만 아니라 각 지역 간 도로의 발달 상태는 어떠한지 또 어떤 물품을 유통할 때 어느 도로에 교통량이 많은지 분석하는 것과 비슷하다. 이러한 뇌의 각 구역과 구역 간 연결상태를 분석한 내용을 마치 유통망 지도처럼 그릴 수 있는데 이를 뇌신경 연결지도(Brain connectome, 그림 5)라고 한다.

이 기술을 이용하면 뇌의 여러 부분들이 어떻게 연결되어 있는지, 또 우리의 뇌가 인간의 의식, 사고, 인지를 하는 과정을 밝히는 핵심적인 근거가 될 수 있다. 즉, 우리는 뇌신경 연결지도를 통해 뇌를 보다 깊게 이해할 수도, 인간의 뇌를 닮은 로봇을 개발할 수도, 난치성 뇌질환을 극복할 수도 있는 것이다.

직접 측정하기 위해 두개골을 열다

• 뇌에 찔러 넣는 미세 탐침군

반도체 메모리, 스마트폰, 사물인터넷 등은 이미 대중에게 익숙해진 이름이며 일생상활에서도 자주 사용하고 있는 제품이다. 이 제품들은 머리카락 굵기보다도 가는 전자구조물을 제작하는 마이크로/나노 공정기술로 제작된다. 여기서 매우 작은 크기라는 것은 뇌공학자의 관점에서 보면 뇌에 매우 작은 물리적 손상을 가하고 뇌의 신호를 측정할 수 있는 탐침을 제작하기에는 최적의 조건이다. 간접적인 뇌신호 측정방법인 두피뇌전도측정법에 비해 탐침형 전극을 활용한 측정방법을 통해서 얻어진 신호는 두개강 내 뇌파(ElectroCorticoGraphy, ECoG)로 분류된다. 두개강 내 뇌파는 뇌에서 직접 신호를 얻기 때문에 기존의 두피전도측정법으로 얻어진 신호에 비해 매우 정확하면서도 뇌의 특정 부위의 활동을 고해상도로 들여다볼 수 있는 장점이 있다.

미세 탐침기반의 뇌신호 분석 및 자극용 칩은 미국 유타대학교의 리처드 노만 교수 연구팀이 개발했고, 현재는 유타 어레이라는 이름으로 통용된다. 노만 교수는 3차원 형상을 가지는 반도체 소재 기반의 미세 탐침이 뇌의 신경세포집단의 전기생리학적 활동을 직접 측정 및 자극할 수 있다고 말한다. 그는 뇌에 이식된 개개의 탐침을 통해서 흐르는 전류를 이용하여 우리가 눈을 통해 세상을 볼 수 있게 도와주는 시각피질이나 귀를 통해 소리를 들을 수 있게 도와주는 청각피질을 분석 및

그림 6. 미세 탐침기반의 뇌신호 분석 및 자극용 칩

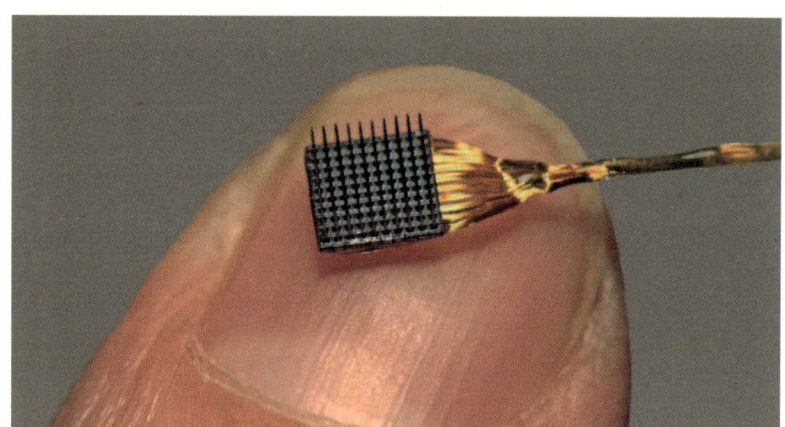

* 출처 : http://scienceline.org/2012/01/mind-over-matter/array_fingernail/

자극할 수 있다고 한다. 이것은 뇌가 손상되어 앞이 보이지 않는 시각장애인에게는 시각을, 귀가 들리지 않는 청각장애인에게는 청각을 복원해줄 수 있는 가능성을 시사한 것이다.

그 대표적인 예로 58세 여성인 사지마비 환자 케이시 허친슨이 있다. 미국 매사추세츠종합병원의 연구실에서 브라운대학교의 존 도노휴 박사 연구팀과 하버드대학교의 공동연구진은 허친슨의 대뇌피질 운동영역에 이식된 미세 전극칩과 이를 분석하는 컴퓨팅시스템 연결하였다. 허친슨 부인의 뇌에 이식된 미세 전극칩은 뇌 신경신호를 읽어 모니터의 마우스 커서를 움직였고, 마우스를 조작해 테이블에 있던 로봇팔을 이용해 음료수를 마시는 데 성공하였다. 허친슨은 사지마비로 팔의 감각과 움직임을 잃어버린 지 약 15년 만에 처음으로 누구의 도움 없이 커피 한 잔을 마신 것이다. 이 놀라운 소식은 즉각 전 세계 뉴스미디어,

신문 등을 통해 알려졌고 관련 뇌공학자와 장애가 있는 환자를 포함한 일반 대중에게도 큰 찬사를 받았다.

• 뇌에 밀착되어 뇌신호를 측정

딱딱한 미세탐침 칩을 활용하여 고해상도로 측정할 수 있지만, 또 다른 방법으로는 복잡한 형상을 갖는 뇌의 표면에 밀착시켜 뇌신호를 바로 읽을 수 있는 전자필름을 개발한 연구팀이 있다. 미국 노스웨스턴 대학교의 존 로저스 교수 연구팀이다. 이 연구팀은 굳이 뇌에 탐침으로 구멍을 뚫지 않고도 정밀한 뇌의 신호를 측정하는 데 성공하였다.

사실 뇌의 표면에서 부착하여 뇌신호를 측정하는 의료기기는 이미 개발되어 병원에서 사용하고 있다. 하지만 병원에서 사용하고 있던 센서는 두툼하여 뇌의 울퉁불퉁한 형상에 맞추어 변형할 수 없었기에 측정된 신호의 정확도가 낮고, 고해상도로 뇌신호를 매핑할 수 없었다. 얇고 부드러운 형태의 반도체소자를 개발하는 데 전문성이 있었던 존 로저스 그룹은 이와 같은 의공학적 난제를 해결하기 위해 본격적으로 뇌공학 연구에 뛰어들었다. 이 그룹은 어떻게 해야 뇌의 표면에 전자소자가 더 잘 밀착하고, 신호의 정확성을 극대화할 수 있을까 고민한 것으로 보인다.

고민 끝에 그들이 제안한 대안은 그림 7과 같다. 그들은 뇌신경신호를 측정하는 시스템을 머리카락 굵기의 수십 분의 1로 낮춤으로써 뇌의 표면형상에 맞게 휘어질 수 있게 설계하였다. 그 다음으로 뇌신호측정센서로는 물에 녹는 천연재료를 사용하였다(여기서는 실크를 사용). 연구

그림 7. 뇌에 밀착한 센서

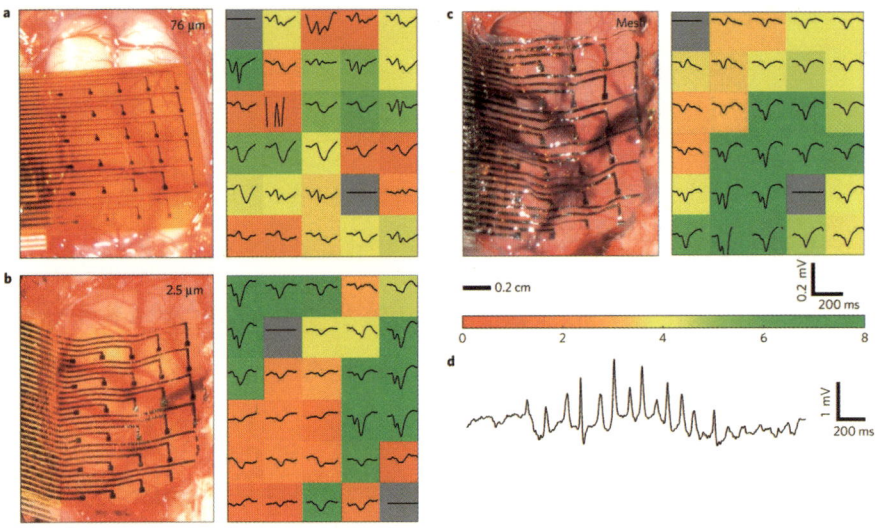

팀은 이 디바이스를 뇌의 표면에 올려두고 물을 부어 실크를 녹여 없앰으로써 남아 있는 센서가 모세관 현상에 의해 뇌의 표면에 밀착하게 만들었다. 고양이를 대상으로 한 동물실험을 통해, 그들은 뇌의 표면과 거의 일체화된 센서를 구현할 수 있었고, 이를 통해 매우 정밀한 뇌신호를 얻는 데 성공하였다.

• 인간의 뇌에 인공지능을 더하다

연예인보다 더 유명한 사업가 일론 머스크는 전기차 제조업체 테슬라와 태양광 회사 솔라시티, 우주 산업체인 스페이스 X에 이어 바이오 인공지능 기업으로 보이는 '뉴럴링크'를 출범시켰다. 그는 '인간이 신체적 인터페이스 없이도 기계를 통해 서로 소통할 수 있는 뉴럴 레이스를 개발 중'이라고 전했다. 알려진 내용이 많지는 않지만, 그는 두피에 작은 구멍을 내어 초소형 뇌신경측정 및 자극 시스템인 뉴럴 레이스Neural lace를 이식해 뇌와 기계를 연결하려 한다.

그는 인공지능이 인간보다 더 똑똑해지면 주요 결정권이 인공지능으로 옮겨져 삶의 주도권을 뺏길 수 있다며 이를 막기 위해 뉴럴 레이스를 인간 뇌에 삽입함으로써 두뇌를 강화해 인공지능의 발전 속도를 따라가는 것이 목적이라고 말했다. 그는 이것을 두고 '인간과 기계의 공생'이라고 표현했다. 뇌에 삽입하는 센서나 자극시스템에 그치지 않고, 기계와 완전히 소통하는 디지털 플랫폼을 구축하겠다는 야심찬 도전으로 보이며 앞으로의 발전이 기대된다.

마지막 미지의 영역

21세기는 '뇌의 시대'라고 한다. 20세기의 과학은 뉴턴이 물리학의 토대를 만들고 아인슈타인의 상대성이론은 물리학의 새로운 지평을 열었다. 이제 인간은 자연과 우주의 원리를 이해하는 이성적 도구인 물리학을 자산으로 미지의 영역이라 생각하던, 뇌의 신비를 파헤치려 한다. 뇌공학은 이를 위한 가장 대표적인 도구라 할 수 있다. 우리는 가까운 미래에 치매를 극복하는 멋진 상상을 하지만, 이와는 반대로 기계가 뇌를 해킹할 가능성도 경계해야 한다. 뇌라는 신비의 영역을 걷어내는 역사적인 순간에, 인류는 과학이 주는 달콤한 과실만 생각할 것이 아니라 이를 대하는 윤리적 성찰에 대해서도 주안점을 두어야 할 것이다.

3장

인간 뇌 기능의 측정

김기웅

한국표준과학연구원 책임연구원

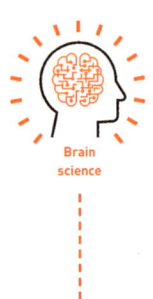

인간을 움직이는 전기

2199년 인공지능 제로원에게 대대적인 핵폭격을 감행하고도 인류는 패배하여 소수만이 지하도시 시온에 숨어 저항을 계속한다. 뒤통수에 광섬유와 전선다발을 꽂아 매트릭스에 접속한 네오는 가상공간에 침입하고, 오라클을 만나기도 한다.

네오가 빨간 알약을 선택하여 깨어나 진실을 보는 순간, 충격적인 장면이 펼쳐진다. 핵폭발 이후 낙진으로 태양에너지를 얻을 수 없게 된 지구에서는 수많은 캡슐 속에 누워 잠든 인간 몸에 연결된 전선다발을 통해 기계에게 전력을 공급하고 있었다.

근대에 인류는 전기라는 것을 발견했다. 이후 많은 호기심 있는 사람들이 전기의 연구에 열중했다. 미국 건국의 아버지로 100달러짜리 화폐에 등장하는 벤저민 프랭클린도 연을 날려 전기실험을 하여 피뢰침을 발명했다. 당시 모든 신기한 것은 전기로 설명될 수 있다는 믿음이 생길 정도로 매력적인 연구 분야였다. 신기한 것 중에 으뜸은 사람, 곧 나 자신일 것이고 내가 어떻게 생각하고 움직이는지, 더 넓게는 저기 개구리가 무슨 생각으로 어떻게 공중으로 뛰는지 궁금해졌다. 영화 '매트릭스'의 예처럼, 또는 그보다 오래된 많은 영화들의 장면에서, 뒤통수에 전선 다발을 꽂아서 생각을 읽고, 쓰고, 연결하고자 하는 것은 어쩌면 너무나 상식적이고 자연스러운 연출일 것이다.

실제로 뇌는 물론 심장, 근육 등 많은 인체의 동작은 세포 수준에서의 전기 발생과 연관되어 있다. 비록 생체에서 발생되는 전기는 매우 미약해서, 매트릭스 세계에서의 실상은 현실적이지 않다. 어찌 보면 인공지능이 인류를 사랑해서 공존하고자 일부러 무리수를 둔 것이 아닐까 생각될 정도다. 2012년 MIT는 인체 대사과정에서 생기는 글루코오스로부터 수백 마이크로 와트 수준의 전기에너지를 발생시키는 글루코오스 연료전지를 개발했다고 한다. 100만 명쯤 모아두면 개인용 노트북 한두 대쯤은 돌릴 수 있을 것이다.

생체전기의 체계적 측정은 헬름홀츠에 의해 이루어졌다(그림 1). 이후 1903년 빌렘 에인트호벤은 가동 코일형 검류계를 이용하여 심장근육의 수축에 의한 전위차를 측정하는 심전도 ElectroCardioGraphy; ECG를 제안하였다. 에인트호벤은 이 공로로 1924년 노벨 생리의학상을 수상했다. 비슷한 장치로서 한스 베르거에 의해 인간 뇌신경의 집단적인 전기흥분을 측정하는 장치로 뇌전도 ElectroEncephaloGraphy, EEG가 이용되었다.

그림 1. 헬름홀츠의 생체전기 측정 실험

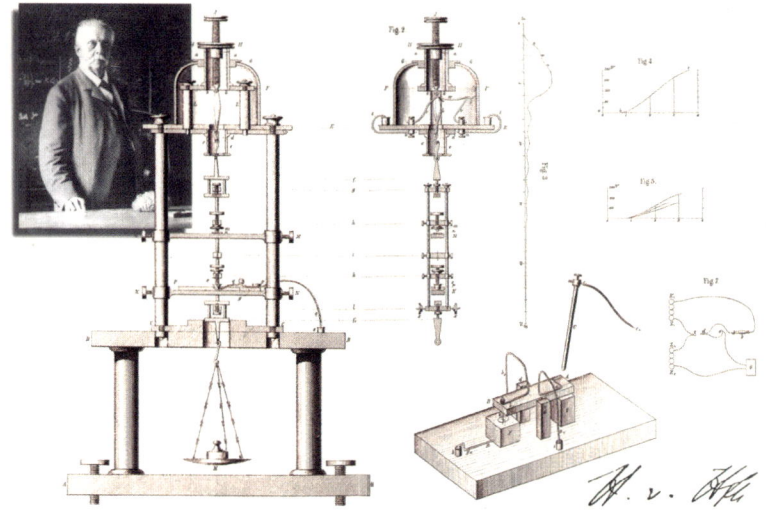

* 독일 표준기관 PTB 제공(PTB : 지멘스의 지원을 받아 헬름홀츠가 설립한 세계 최초의 국립연구원)

더 정확하게 측정하기 위한 인간의 노력

그러면 생체 전기활동을 측정하기 위해서 반드시 머리나 가슴에 전극을 붙이거나 뒤통수에 전선 다발을 꽂아야 하는 것인가? 사람들은 전기라는 것에 대한 신기함 외에 두려움을 느끼기도 하였다. 사형제도가 교수형 대신 전기의자형으로 바뀐 것을 말할 것도 없이, 인체 자체가 전기로 구동하는 만큼 당연히 전기에 의해서 오동작, 심지어는 생명을 잃을 수도 있다. 한스 베르거 때에는 아직 반도체의 개발이 이루어지지 않아서 전류를 한쪽 방향으로만 흘려주는 비선형 수동소자인 다이오드가 없었다. 당시 뇌파의 전압을 보여주기 위해서 갈바노미터라는 바늘을 구동하는 모터를 활용하였는데, 바늘을 움직이기 위해서 꽤 큰 전류를 흘려주었다. 회로에 이상이 생기면 회로에서 인체로 전류가 거꾸로 흐를 수도 있는 상황인 것이다. 감전당할 수 있다는 두려움뿐만 아니라 전기적 측정은 접촉식이므로 전류원과 전극 사이에 있는 물질들에 의해 영향을 받는다.

생체의 서로 다른 조직과 기관을 통해 비롯되는 전기적 잡음이나 왜곡을 없애고 더 정밀한 측정을 하기 위해 자기적인 측정방법이 고안되었다. 모든 전기적인 현상 주변으론 자기장이 발생하므로, 그렇게 발생하는 자기장을 멀리서 접촉 없이 측정함으로써 안전하고 정확한 측정을 하겠다는 생각이었다.

1963년에 보올과 맥피Baule and McFee에 의해 유도코일을 이용하여 심장자기장의 측정이 이루어졌다(그림 2). 이후 1969년에 MIT의 짐머만Zimmerman과 코헨Cohen이 초전도양자간섭장치Superconducting Quantum Interference

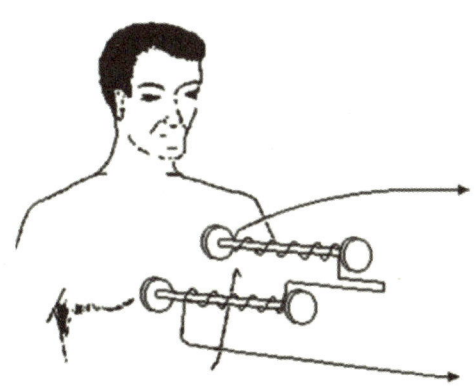

그림 2. 보올과 맥피의 세계 최초의 심장 자기장(심자도) 측정

그림 3. 최초의 초전도양자간섭장치 기반 생체자기측정

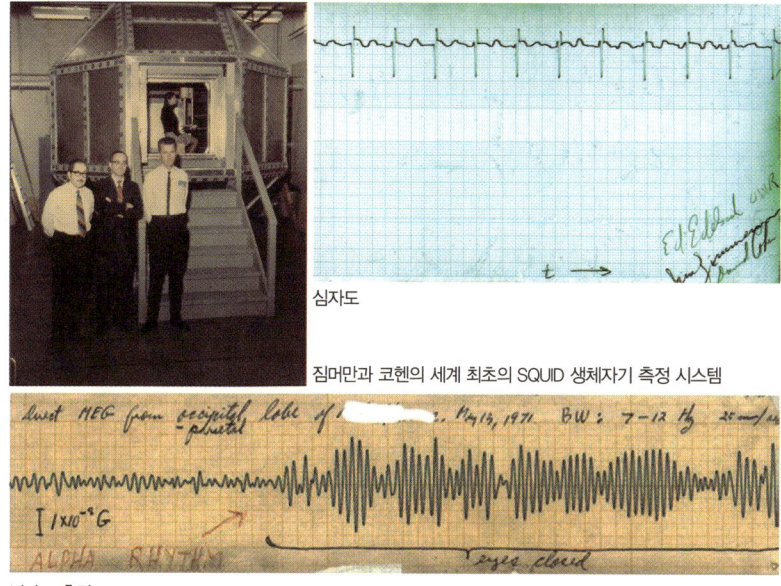

심자도

짐머만과 코헨의 세계 최초의 SQUID 생체자기 측정 시스템

뇌자도 측정

Device, SQUID를 이용하여 심장에서 자기장을 측정하고 2년 후 뇌파의 알파파에 해당하는 자기장의 측정에 성공하여 사이언스라는 학술지에 보고하였다(그림 3). 사람은 눈을 감으면 후두부에 커다란 알파파가 발생한다. SQUID로 측정한 뇌파의 자기장 신호에서는 눈의 개폐에 따른 뇌파의 발생크기 변화를 관찰할 수 있었다. 이 신호를 뇌파의 자기장을 측정했다고 하여 뇌자도 MagnetoEncephaloGraphy, MEG 라고 한다.

연구자인 코헨 박사는 자기가 만든 뇌자도 장치 밑에 들어가 측정할 때 극심한 공포감을 느꼈다고 한다. SQUID라는 장치는 이름 그대로 초전도 현상을 이용하므로 극저온에서만 동작한다. 극저온 냉각을 위해 액체 헬륨을 담아두는 듀어 dewar 라고 하는 비금속 비자성의 플라스

틱 진공 보온통 속에 SQUID를 푹 담그게 된다. 만일 듀어 통이 엎어지거나 깨지면 무려 영하 269도의 액체 헬륨을 뒤집어쓰게 되는 것이니 두려울 만도 하다. 그럼에도 불구하고 인류 최초의 뇌자도 데이터를 자기 뇌의 신호로 만들고 싶다는 열망이 두려움을 극복하게 했다고 한다.

이 글에서는 뇌의 기능을 측정하는 여러 가지 방법 중 전기 혹은 자기적으로 측정하는 방법에 관해 다루기로 한다.

뇌 속엔 어떤 배터리가 있는가

뇌신경이 흥분하면 세포막의 이온채널이 동작하여 세포 내외의 K^+ 및 Na^+ 이온이 막을 통하여 이동하여, 음으로 하전되어 있던 신경세포가 양으로 편극화가 된다. 공간적으로는 신경 축색을 통해서 신호의 전달이 이루어지며, 전기적인 흥분이 순차적으로 일어나 신호가 축색 끝단의 시냅스에 전달된다. 시냅스 말단에서는 전기적인 신호에 의해 촉발된 신경전달물질의 방사가 이루어지며, 신경전달물질을 받은 다음 신경세포에서는 시냅스 후전위가 발생하여 전기적으로 편극화됨으로써 신호가 연계된다.

전기적 흥분의 전달에 있어서 공간적인 전위의 차이가 국소 전류를 형성한다. 양으로 편극화된 세포 내 전위(음으로 편극된 세포 외 전위)의 부분이 차례로 전달되는데, 국소 전류의 양상은 양에서 음으로 흐르므로, 전류 사중극자의 형태로 전달된다(그림 4(좌)). 전류 사중극자의 경우는 전류의 방향이 서로 반대이므로 멀리서 측정하게 되면 서로 상쇄되어 0전위를 보인다.

　한편 자기장은 흐르는 전류의 주변에 생기는데, 전류 사중극자의 경우에는 가까운 위치에 서로 반대 방향의 자기장이 생성되어 상쇄되므로, 생성된 자기장 역시 멀리서는 측정되지 않는다.

　그러므로 외부에서 측정 가능한 전류원은 전류 쌍극자의 형태가 되어야 한다. 이러한 형태는 시냅스 후전위에 의해 발생한다. 신경전달물질을 받은 시냅스 끝단이 양으로 편극되었다가 사라지는데, 이 부분이 전류 쌍극자를 형성한다(그림 4(우)). 이때의 세포 외 전위차가 뇌척수액, 두개골, 두피 등의 서로 다른 전도율을 갖는 전도체 집단에 체적전류를 형성하여 두피에 전위 차이를 형성하게 된다. 이 전위차를 전극에 의해 측정한 것이 뇌파EEG다. 뇌파에서의 문제는 두개골 등 전기전도도가 매우 낮은 전도체를 통과하여 전위가 형성된다는 점이다. 두개골은 여러 조각으로 이루어져 있으며, 결합 부분 등의 형상 및 두개골의 두께 등에 따라 전위 분포가 크게 왜곡된다(그림 5(a)). 뇌전도의 민감한 측정을 위해서는 전류 쌍극자의 방향이 두개골에 수직으로 위치해야 한다.

　자기장의 경우는 시냅스 후전위의 세포 내 전위차에 의해 발생하는 전류 쌍극자 주변의 자기장이 측정 대상이다. 척수액이든 두개골이든 두피든 공기든 투자율이 거의 1이므로, 자기장의 입장에서는 이런 다양한 인체 조직이 투명하게 느껴진다. 결국 뇌신경활동에 의해 발생된 자기장은 왜곡 없이 두피 밖에서 비침습, 비접촉적으로 정밀하게 측정하는 것이 가능하다(그림 5(b)). 뇌자도의 민감한 측정을 위해서는 전류 쌍극자의 방향이 두개골에 평행한 위치일 때가 유리하다.

그림 4. 축색과 시냅스에서의 전위와 전류 및 자기장의 발생

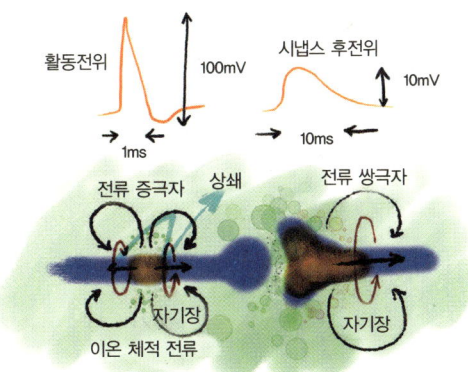

축색의 전류 사중극자   시냅스 후전위의 전류 쌍극자

사중극자가 형성된 전류와 그 주변의 자기장은 서로 상쇄되어 외부에서 측정되지 않고, 오직 전류 쌍극자에 의한 전위차와 주변의 자기장이 두개골 외부에서 측정 가능함.

그림 5. 뇌전도와 뇌자도의 신경전류원과 발생 신호의 특징

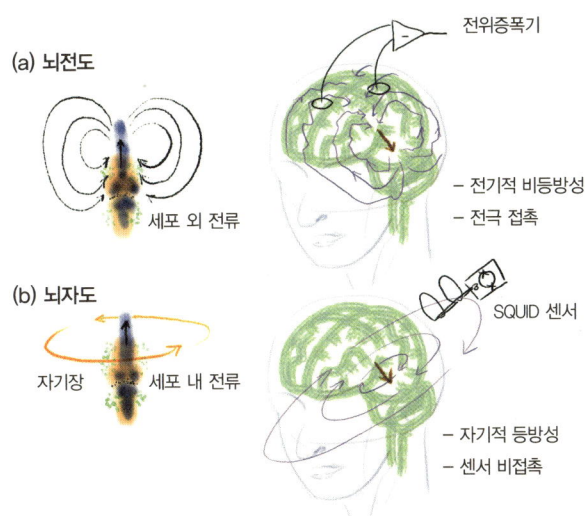

(a) 뇌전도의 경우 신경세포 외 이온에 의한 전류가 두피에 전위차를 형성함.
(b) 뇌자도의 경우 신경세포 내 이온에 의한 전류가 자기장을 형성하여 두개골 밖에서 비접촉적으로 왜곡 없이 측정됨.

뇌 기능 지도는 무엇인가?

외부 자극에 반응하는 신경다발들은 모여 있는데, 즉각적인 반응을 보이는 곳으로는 뇌피질 위에 1차 감각령이 있다. 1차 감각령은 외부의 자극에 대해서 가장 처음 불수의적으로 흥분하는 뇌의 영역이라고 볼 수 있다. 뇌의 신피질Neocortex은 6개의 층으로 이루어져 있는데, 그중에 바깥에서부터 세 번째, 다섯 번째 층에는 피라미드 세포Pyramidal cell라고 하는 신경세포가 표면에 수직인 방향으로 잘 정렬되어 있다(그림 6). 피라미드 세포 사이에는 인터뉴론이라는 구조가 있어서 시상Thalamus에서 올라온 신호를 여러 피라미드 세포에 동시에 중계하고, 복수의 피라미드 세포가 동시에 흥분하게 된다. 동시에 흥분한 복수의 피라미드 세포는 방향성이 좋은 전류 쌍극자가 된다. 하나의 시냅스 후전위는 10mV 정도 되고, 흥분 발생 간격이 평균 4마이크로미터이며, 신경전기전도도가 $0.25(\Omega m)^{-1}$ 정도 되므로, 약 3×10^{-14}Am 정도 크기의 전류 쌍극자를 형성한다.

SQUID 센서를 이용해서 피라미드 세포에서 발생한 전류원을 측정하는 상황을 살펴보자. 두개골의 두께가 대략 1cm이고, 측정 센서의 초전도 냉각을 위해 듀어에 2cm 정도 진공층 간격이 필요하므로, 피질과 센서 사이에는 약 3~4cm의 이격이 있다. 약 5만 개의 시냅스가 동시에 흥분하면 전류 쌍극자의 크기가 10nAm 정도 되고, 여기서 발생하는 자기장은 전류 쌍극자로부터 4cm 떨어진 거리에서 약 100fT의 크기로 측정하는 것이 가능하다. 뇌피질에서 5만 개의 피라미드 세포는

그림 6. 대뇌피질의 층상구조 및 피라미드 세포의 정렬

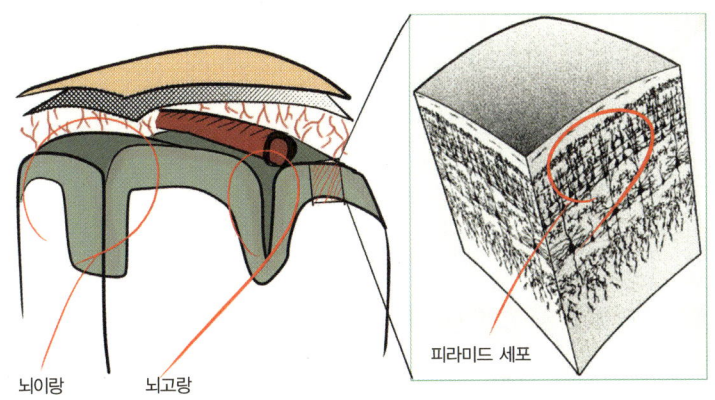

약 $1cm^2$ 정도의 면적을 차지한다.

뇌 피질의 발달에서 비슷한 기능을 하는 신경간의 연결이 강화되어 서로 끌어당기면서 뇌의 표피에 주름이 생긴다. 주름의 볼록한 부분을 뇌이랑Gyrus이라고 하고 오목한 부분을 뇌고랑Sulcus이라고 하는데, 결국 주름의 형성과정에서 고랑이 기능적인 경계를 형성하게 된다. 대표적인 고랑은 대뇌의 앞과 뒤를 나누는 중심고랑Central sulcus과 측두엽의 청각 신호를 관장하는 부분이 위치한 실비우스 틈새Sylvian fissure가 있다. 특히, 발생학적으로 척수신경의 끝이 부풀어 올라 뇌를 형성할 때, 등쪽의 신경과 배쪽의 신경이 나누어지는 부분이 중심고랑이다. 따라서 중심고랑의 앞쪽은 운동피질이, 뒤쪽은 감각피질이 위치하며, 척수의 신경 또한 배쪽은 운동, 등쪽은 감각 신경이 지나간다. 뇌전도의 경우 두피 표면에서 전위를 측정하므로 민감한 측정을 위해서는 전류 쌍극자의 방향이 두개골에 수직으로 위치했을 때가 유리하다.

즉, 피라미드 세포의 방향 및 전기 쌍극자가 방사방향Radial인 뇌이랑에 위치한 뇌신경 반응의 측정에 적합하다. 뇌자도의 경우는 두개골 밖에서 비접촉적으로 자기장을 측정하므로, 민감한 측정을 위해서는 전류 쌍극자의 방향이 두개골에 평행으로 위치했을 때가 유리하다. 즉, 뇌고랑에 위치한 뇌신경 반응의 측정에 적합하다. 자극에 대한 뇌의 기능 영역은 때론 뇌이랑에 때론 뇌고랑에 위치하므로, 뇌전도와 뇌자도는 상보적으로 뇌 기능 매핑에 활용된다.

가장 진보한 뇌신경동력학 측정장치

인체에서 발생하는 자기장은 매우 미약하다. 나침반을 움직이는 지구 자기장을 1로 두면, 심장에서 발생하는 가장 큰 자기장의 크기는 지구 자기장의 약 100만 분의 1, 자극에 대한 뇌의 반응에서 발생하는 자기장의 크기는 지구 자기장의 약 1억 분의 1에 해당한다. 이러한 미세한 자기장을 측정하기 위해서는 인류가 개발한 가장 민감한 자기장 센서인 SQUID를 활용한다.

SQUID의 감도는 약 1fT에 이른다. fT는 펨토테슬라라고 읽는 자기장의 단위이며 10^{-15}T(테슬라)에 해당한다. 지구 자기장의 세기는 약 20~50마이크로테슬라이며, 30마이크로테슬라는 30,000,000,000펨토테슬라다. SQUID의 감도는 약 2km 밖의 자동차가 지나갈 때, 자화된 철로 구성된 차체가 발생시키는 자기장을 측정할 수 있는 수준이다. 따라서 인체에서 발생하는 미약한 자기장을 측정하기 위해서는 주변의

그림 7. 뇌자도 측정 시스템

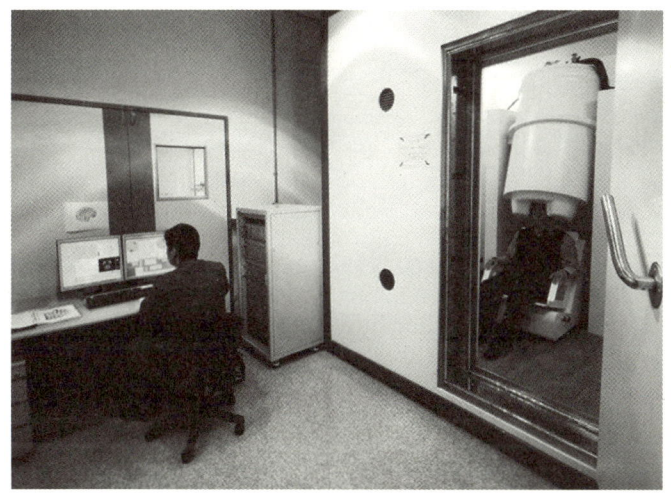

섬유강화플라스틱(FRP)으로 제작된 액체헬륨 냉각보온통 안에 SQUID 수백 개가 헬멧 모양 위에 골고루 분포됨. 외부의 자기적 잡음을 제거하기 위해, 피측정자와 뇌자도 장치는 자기차폐실 안에 위치함.

자기적 잡음을 차폐할 필요가 있다.

뮤메탈이라고 하는 연자성체는 투자율이 높으므로, 주변의 자기장을 끌어모으는 효과가 있다. 뮤메탈로 된 벽으로 방을 만들면 주변의 자기장이 벽을 타고 흐르므로, 방의 내부는 자기장의 진공상태를 만드는 것이 가능하다. 이것을 자기차폐실이라고 하며, 저주파를 차폐하는 높은 투자율의 뮤메탈과 고주파를 차폐하는 전도도가 높은 알루미늄 판으로 겹겹이 복층으로 벽을 구성함으로써, 저주파 및 고주파의 자기장을 모두 차폐하는 것이 가능하다(그림 7).

자기차폐실의 내부에 다채널의 SQUID 센서열을 배치하여 신경전류가 발생시킨 자기장의 공간적 분포를 측정한다. 전류원으로부터 발생하는 자기장은 비오사바르의 법칙에 의해 간단히 계산할 수 있다. 이것을 정문제Forward problem라고 한다. 거꾸로 자기장의 분포로부터 전류원의 위치를 구하는 것을 역문제Inverse problem라고 하는데, 일반적으로 역문제는 타당하지 않은 문제Ill-posed problem라고 하여, 오차에 민감한 결과를 주며 역문제 해법은 수학적으로 매우 도전적인 문제다.

예를 들어, 뇌에는 엄청나게 많은 전류원이 있고, 전류원의 위치와 방향을 알기 위해서 하나의 전류원당 삼차원 위치 파라메터(변수)와 삼차원 방향, 모두 6개의 파라메터가 필요하다. 하지만 센서 시스템에 있는 측정 센서(방정식)의 수는 수백 개 수준이므로, 변수의 수가 방정식의 수보다 훨씬 많은 상황이다. 결국 가정에 의한 도체 모델을 세워서 제한 조건을 만들어줌으로써 부족한 수의 방정식을 보충할 수 있다. 발생하는 생체전자기의 크기는 주변으로 흐르는 체적전류Volume current에 영향을 많이 받기 때문에 제한조건으로 많이 고려된다. 단순화시킨 모델로는 머리를 도체구로 생각하여 구상 대칭 전도체Spherically symmetric conductor 모델에 대한 해석적인 식으로 표현하는데, 이 경우 도체구의 방사Radial 방향의 전류 성분은 외부에 자기장을 만들지 못하므로 생략하게 되어, 한 전류원당 5개의 변수로 문제를 푸는 것이 가능하다. 참고로 심장의 자기장을 측정하는 심자도의 경우 흉곽이 평평하므로, 구상 대칭 전도체 모델의 반지름을 무한대로 만든 수평 층형 전도체Horizontally layered conductor 모델을 활용한다.

좀 더 복잡하게는 MRI 등으로 얻은 피험자의 대뇌 피질 형태를 제한 조건으로 모델링할 수 있다. 현실적인 도체 모델은 몇 개의 균일한 전도도를 갖는 조직 간의 경계만을 고려한 경계요소법Boundary element method 혹은 모든 체적요소의 전도도를 고려한 유한요소법Finite element method에 의해 계산하는 것이 가능하다. 덧붙여 자기장의 크기는 전류원의 위치에는 비선형적으로 변화하지만 자기장의 방향 성분의 변화에는 선형적으로 증감하므로, 전류원의 위치를 피험자 대뇌 피질 위에만 미리 뿌려두어 한정시킴으로써, 비선형성을 없애고 간단한 행렬식 연산으로 빠르게 신경전류원의 분포를 구하는 것도 가능하다.

구해진 신경전류원은 SQUID 센서열을 기준으로 계산되므로, MRI 영상 위에 표시되기 위해서는 좌표 공정합Coregistration 과정이 필요하다(그림 8). 뇌자도의 경우도 측정 과정은 뇌전도와 비슷하다. 측정하려는 패러다

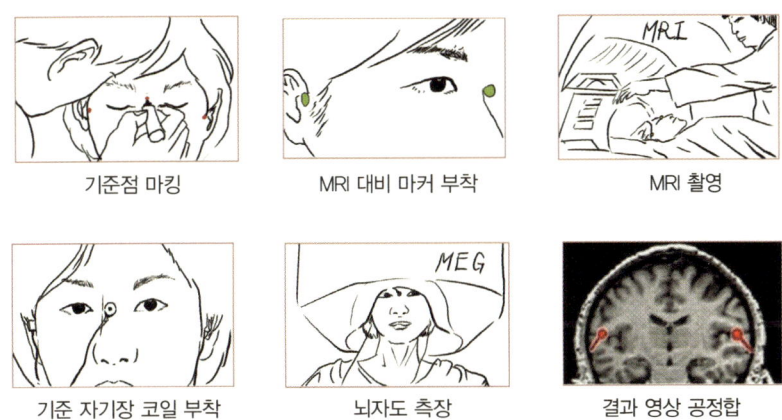

그림 8. 뇌자도와 핵자기공명영상 간의 좌표 공정합

기준점 마킹 　　　 MRI 대비 마커 부착 　　　 MRI 촬영

기준 자기장 코일 부착 　　　 뇌자도 측장 　　　 결과 영상 공정합

MRI로 얻은 해부학적 영상 위에 뇌자도로 측정한 뇌의 기능(뇌신경 전류 쌍극자의 형성)을 정합시켜 표시함. 비타민 E 캡슐 등 MRI용 대비 마커를 비근부, 양측 전이부에 부착하여 MRI 스캔을 하면 영상에 3개의 머리 기준 위치가 기록됨. 같은 위치에 자기장 위치코일을 부착하고, 뇌자도 측정 시에 코일에 자기장을 발생시키면, 코일의 위치를 알 수 있으므로, 기존의 MRI 영상과 좌표를 맞추는 것이 가능함.

그림 9. 150채널 청각유발 뇌자도 신호 및 자기장 지도

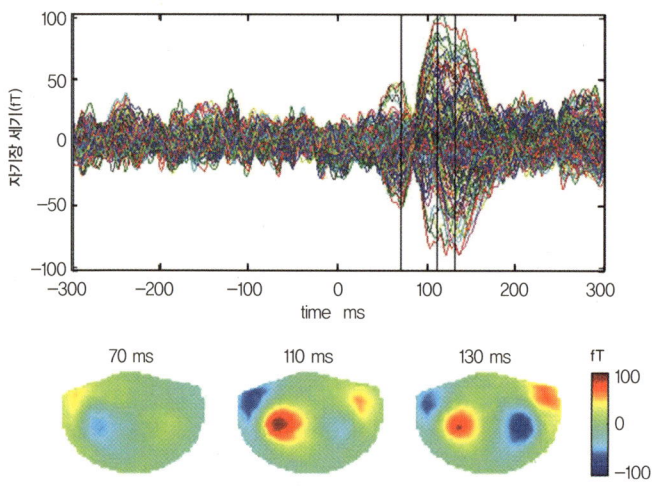

(상) 청각유발뇌자도 신호의 시간파형
(하) 자기장의 공간 분포

단순음 소리자극을 제시한 시점이 0초일 때, 약 100ms 이후에 전형적인 청각유발신호의 피크가 측정됨. 이 그림은 152채널 뇌자도의 시간 파형을 모두 중첩해서 표시한 것이며, 아래의 그림은 서로 다른 시간 시점에서의 각 채널에 측정된 자기장의 크기를 공간적으로 표시한 것임. 110ms에 왼쪽 측면 쪽에 양극성 자기장 분포가 나타남.

임 하에서 자극을 제시할 때, 항상 뇌에서 발생하고 있는 배경 활동 잡음을 감소시켜야 한다. 측정하려는 자극에 대한 반응만을 선택적으로 분석하기 위해서, 반복적으로 자극을 제시하고 그 반응을 측정한다. 여러 번 측정된 데이터를 평균내면, 뇌의 배경 잡음은 감소되고 자극에 대한 반응만이 남게 된다. 예를 들어, 귀에 단순음Single tone의 소리자극을 100번 전달하며 측정한 뇌자도 신호의 파형을 평균하면 그 시계열 파형과 자기장의 공간 분포는 그림 9와 같이 보인다. 좌측 측두엽에 관찰된 양극성 자기장 분포를 기반으로 역문제를 풀면, 측두엽의 실비우스

그림 10. 뇌자도 측정 분석 및 뇌기능 지도화

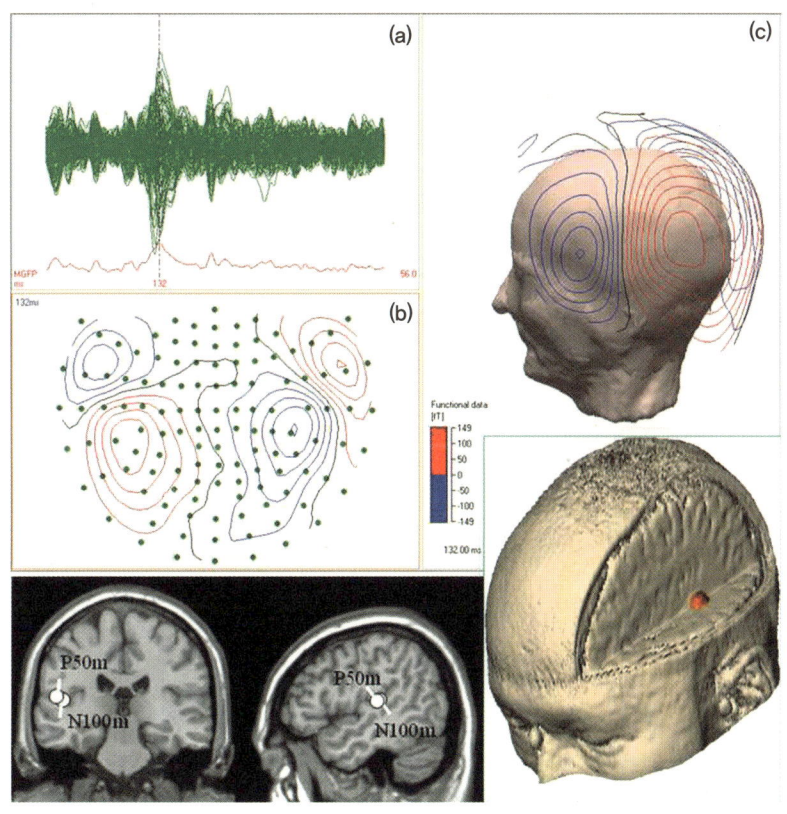

(a) 청각유발뇌자도 신호
(b) 센서열을 평면에 펼친 상태에서의 청각유발 자기장의 공간적 분포
(c) 센서열을 3차원 공간상에 분포시킨 상태에서의 청각유발 자기장의 공간적 분포. 위의 데이터로 역문제를 풀어서 얻어진 전류 쌍극자의 공간위치 및 방향을 MRI 영상상에 표시하는 것이 가능함. N100m은 100ms 후에 발생된 자기장 피크에 해당

틈새Sylvian fissure 근방에 하측후방을 가리키는 전류 쌍극자가 계산되고, 이것을 MRI 영상과 공정합시켜 표시함으로써, 청각자극에 대한 뇌의 반응의 위치를 알 수 있다(그림 10). 이런 방식으로 시각, 촉각, 후각, 미각

등의 기본 감각 및 운동에 관해 측정하여 뇌의 기능 지도Mapping를 작성하는 것이 가능하다.

뇌 기능 측정 연구 및 임상적 활용

뇌 기능 지도화는 임상적으로는 수술 전 뇌 기능 검사에 활용된다. 뇌종양이나 혈종의 제거에 있어서, 종양의 부피에 밀려, 기본적인 감각과 운동을 맡는 뇌 부위의 위치에 변화가 생긴다. 제거 수술 중 이 감각 및 운동 중추를 잘못 제거하면 기능에 심각한 타격을 입을 수 있으므로, 수술 전에 환자 개인별 뇌 기능 매핑Mapping을 시행함으로써 부작용을 줄인다. 최근 fMRI를 이용하여 수술 전 뇌 기능 매핑을 하는 경우도 있으나, fMRI의 경우는 신경반응을 직접 측정한다기보다는 신경세포가 활동하며 사용한 에너지 대사를 관찰하는 간접적인 방법이다.

즉, 산소를 혈관에 공급하고, 산소농도가 높아진 팽창된 혈관에서의 헤모글로빈(철가루) 산화 정도에 따른 자기투자율의 변화를 보는 것이므로, 시간적으로도 지연이 있고 공간적으로도 신경 근처보다는 연결된 큰 혈관의 위치가 측정되는 경향이 있다. 이러한 이유로 종종 기능 국지화에 오류가 생기므로, 정확한 수술을 위해 뇌자도와의 상보적인 측정이 필요하다.

한편 뇌자도의 가장 효과적인 임상 응용 분야는 뇌전증(간질)이라고 할 수 있다. 뇌전증은 뇌신경의 과도한 흥분이 빠르게 전달되는 과정에서 자극이 이르는 부위의 뇌 기능이 저하 또는 과흥분하는 질병이다.

100명 중에 약 2~3명이 뇌전증을 앓고 있는데, 가볍게는 소화불량에서부터 전신발작까지 다양한 증세를 보인다. 대부분의 뇌전증 환자는 약을 복용하여 증세를 완화시킬 수 있으나, 20~30%는 수술적인 방법으로 간질 초기 발생위치Trigger를 제거해야 한다.

뇌전증은 순전히 전기적인 이상이므로 CT나 MRI로 보면 형태적인 이상은 없는 경우가 많다. 즉, 뇌전도나 뇌자도를 통해 전기적 이상을 찾게 된다. 수면 중이거나 평상 활동시에, 뇌전증의 외부적 발작 증세는 없더라도, 간질 초기 발생위치에서 반복적으로 뾰족한 형태의 뇌전도 간질 극파가 발생하고 있는 경우가 많다. 대개 간질 극파 이후에 서파가 따라온다. 이것을 발작간 극파Interictal spike라고도 부르는데, 이 극파를 발생시키는 위치를 찾아 수술적으로 제거하는 경우가 많다. 문제는 뇌전도의 경우 앞서 설명한 두개골의 신호 왜곡으로, 역문제를 풀었을 때 간질극파 국지화Localization 위치 오류가 매우 크다.

따라서 두개골을 열고 뇌피질 위에 다채널 전극 패치를 붙여서 뇌전도를 측정하는 피질전도계ElectroCorticoGram, ECoG를 이용하여 간질 극파를 국지화하게 된다. 문제는 이 전극 패치의 가격이 매우 고가이고, 뇌표면 전체를 덮으려면 20여 장이 필요하다. 더욱이 측정을 위해 두개골을 제거해야 한다는 것이 환자나 의사에게 있어서 큰 부담이다. 뇌자도의 경우는 한 번 발생된 자기장은 인체 투자율이 진공과 크게 다르지 않으므로 왜곡 없이 측정하는 것이 가능하고, 정확한 간질 극파 국지화가 가능하다는 장점이 있다.

뇌 인지 기능

임상활용 외에도 여러 가지 심리 및 인지기능연구와 뇌과학의 연구도구로서 뇌전도 및 뇌자도가 활용된다. 잠시 언급한 fMRI●의 경우 공간해상도는 뛰어난 편이지만, 산소대사반응에 의한 간접성 때문에 위치의 오류와 2~3초 정도의 시간지연이 있다.

따라서 고속으로 진행되는 뇌의 기능을 연구하는 데는 무리가 있다. 양전자방출단층촬영PET은 방사성 물질의 핵붕괴로 생기는 반물질인 양전자가 보통의 전자와 결합할 때, 양쪽으로 튀어나가는 강력한 에너지의 감마선을 측정하여 방사성 물질이 쌓여 있는 위치를 영상화하는 수단이다. 보통은 글루코오스 등을 방사성 물질로 치환하여 사용함으로써 대사과정을 관찰하는데 활용된다. 뇌 신경의 활동이 활발한 부분에 에너지 대사가 많으므로 기능 활동성을 보는 것이 가능하지만 기본적으로 반감기가 짧은 강력한 방사능 물질을 사용하므로, 방사능 피폭의 위험보다 진단 검사로 얻는 이득이 큰 환자에게만 제한적으로 활용된다.

뇌전도의 경우 시간 해상도는 뛰어나지만 두개골의 신호왜곡에 의한

● 1990년 미국 벨연구소의 세이지 오가와 박사의 제안으로 fMRI라고 부른다. 기존 MRI 장치를 그대로 활용할 수 있다는 장점과, SPM이라고 하는 누구나 쉽게 쓸 수 있는 영상통계분석 소프트웨어의 공개 덕분에, 심리학자 등 실험뇌과학의 비전문가도 진입장벽 없이 누구나 연구에 활용하였다. 덕분에 수많은 연구 결과가 쏟아졌고, fMRI 개발 후 20년 동안에 인류가 2,000년 동안 밝혀낸 것보다 더 많은 뇌의 비밀을 풀었다고 말한다. 하지만 혈액의 산소 소모량에 있어서 통계적으로 유의미한 부분을 표시하는 방법이므로 여러 가지 잡음요소 및 통계적 오류요소가 포함되기 때문에 엄밀한 실험 패러다임이 요구된다. 실제로 연구 초기에는 통계적 기준을 임의로 선택하여 흥미 위주로 보고 싶은 내용을 봤다고 fMRI 영상 결과를 발표하는 일이 비일비재하였다. 크레이그 베넷 교수는 이런 연구계의 경향을 경고하고자, 죽은 대서양 연어의 fMRI 실험결과로써 "죽은 연어가 사람의 표정을 보고 감정을 인식한다"라는 결론을 발표하기도 했다.

큰 국지화 오차가 문제가 된다. 뇌자도는 시간과 공간해상도가 모두 뛰어나므로, 뇌 기능의 신경동력학적인 분석에 큰 기대를 모으고 있다. 재미있는 신경동력학적 파라미터의 예로써 P300을 들 수 있다. 어떤 사건을 지각하면 일정시간 후에 대뇌피질이 흥분하는 전기활동을 사건유발전위Event Related Potential이라고 하는데, P300은 사건을 느끼고 300ms 쯤 후에 나타나는 양Positive의 신호라는 뜻이다. 일반인에게 설명하기 위해 'A-Ha' 신호라고도 한다. 뭔가 이상한 것을 느끼거나, 머릿속으로 기대하고 있는 바로 그것이 현실에서 나타났을 때, '아하!' 하는 반응이 뇌의 안쪽에서 나타나는 것이다. 이 반응은 즉각적이고 직접적이어서 자신의 의지로 막을 수 없다는 특징이 있다. 이를 이용하여 거짓말 탐지기에 응용하기도 한다.

1895년 이탈리아의 롬브로소가 발명한 기존의 거짓말 탐지기는 심박수, 혈압, 호흡, 땀의 배출 등 생리적 생체신호를 이용한다. 하지만 거짓말 탐지율은 70~80% 정도여서 증거보다는 참고자료로 활용되고 있다. 실제로 훈련을 통해 생리적인 현상을 속일 수 있다고 알려져 있다. 하지만 뇌파의 경우는 다르다. 범행 현장이나 범행도구를 봤을 때 어쩔 수 없이 발생하는 P300 신호 때문에 뇌를 속일 수는 없는 것이다. 뇌전도를 이용한 거짓말 탐지율은 90%, 뇌자도는 98%까지 탐지율을 높일 수 있다고 알려져 있다.

신경동력학적 신호가 시간적으로 빨리 반응하기 때문에, 실시간으로 동작하는 뇌-기계 접속BMI, 뇌-컴퓨터BCI 접속에도 활용되고 있다. 앞서 소개된 P300도 생각 타자기Mind keyboard에 응용되고 있다. 마음속으로 생각한 특정 알파벳이 나올 때, P300 신호가 발생하는 것을 읽어서, 사지 마비 환자가 의사를 글로써 전달하는 것을 도와준다. 한편, 정상상태 시각 유발전위Steady State Visual Evoked Potential, SSVEP나 정상상태 청각 유발전위 Steady State Auditory Evoked Potential, SSAEP 같은 신경동력학적 반응이 BCI에 활용되기도 한다. SSVEP의 경우 10Hz로 깜빡이는 빛을 보여주면 후두엽의 시각 피질도 10Hz 성분으로 흥분하고, 12Hz의 빛을 보면 시각 피질도 12Hz의 신호를 낸다. 알파벳을 가로, 세로로 행렬을 지어 배열하고, 특정 열과 행을 깜빡일 때 깜빡이는 주파수를 서로 다르게 한다. 이때 뇌의 전자기적인 반응을 읽어서 현재 피험자가 어떤 글자를 보고 있는지 알 수 있게 된다.

또한 뇌의 전체적인 활동을 규정하기 위해 신경동력학적인 동조Synchronization 현상을 관찰하기도 한다. 주로 동조 현상은 몰입상태나 감정상태를 측정하는 파라미터로서 활용된다.

기타 여러 가지 신경동력학적 파라미터들이 뇌의 상태나 기능하는 신비를 밝히기 위해서 활용된다. 카오스 이론으로 잘 알려진 비선형 동력학은 복잡계를 다루는 학문이고, 뇌의 신경동력학적 특성을 규정하기 위해 활용된다. 자기유사성으로 정보량을 측정하는 프랙탈 차원, 뇌 내 정보의 이동을 규정하는 상호 엔트로피 개념이나 발산성을 규정하는 류아프노프 계수 등 여러 가지 도구들이 개발되고 뇌의 기능을 분석하기 위해 활용된다.

뇌 기능 연결성

최근 뇌 인지 과학의 뜨거운 감자는 뇌 기능 연결성이다. 고차인지과정을 이해하기 위해서는 단순한 뇌의 기능 매핑으로는 부족하다. 뇌의 서로 다른 부분이 어떻게 서로 소통하며 기능을 처리하는지 알아내기 위해 뇌 기능 연결성을 살펴보는 것이다.

뇌 기능 연결성의 기본 가정은 서로 다른 뇌의 부분이 시간적으로 동기화Synchronization되어 동작하면 기능적으로 연결되어 있는 신경망이라고 보는 것이다. fMRI는 기본적으로 기능 영상을 얻는 시간이, 특정 부분으로 공간을 제한하는 등 여러 가지 방법을 쓰고도 1초 정도이므로, 뇌의 각 부분의 시간적인 흥분의 변화를 관찰하여 동기화된 부분을 찾더라도 매우 낮은 주파수 수준의 동기화다. 초창기에는 호흡에 의해 변화하는 산소농도가 측정된 것을 동기화라고 오해하기도 하였다. 이에 비해 뇌파는 고속 동기화의 관찰이 가능하다.

뇌파 결맞음시간Coherence time 안에 발생하는 직접적인 시간적 상관도Correlation를 측정하는 것에서 시작하여, 뇌파의 위상phase이 서로 다른 위치에서 같이 고정되어서 동작하는가를 측정하기도 한다. 최근에는 서로 다른 주파수 대역간의 진폭-위상 변조를 분석하는 것은 물론, 시간 지연을 이용한 원인과 결과, 정보의 이동량을 나타내는 지표 분석에 의해 기능적 연결의 방향성도 분석하는 등 다양한 시도가 이루어지고 있다.

뇌 기능 연결성 변화의 측정으로 여러 가지 고차인지기능을 이해하고 다양한 정신질환을 진단하고자 하는 연구들이 진행되고 있다. 한 가지 중요한 예로써 치매를 들 수 있다. 새롭게 분류된 정신질환 체계DSM-V에서는 치매나 알츠하이머병 같은 용어 대신 신경인지장애Neurocognitive disorder라는 용어를 쓴다. 신경인지장애의 70% 정도가 알츠하이머병이므로, 제약회사들은 오래 전부터 알츠하이머 치료약 개발에 집중하고 있다. 특히 아밀로이드 베타라고 하는 단백질의 축적이 문제라고 알려졌으므로, 이 물질의 생성 단계 길항제, 제거제를 개발하는 방향이 주류였다.

하지만 아쉽게도 개발된 신약들이 뇌 기능의 퇴화를 약간 지연시킬 뿐 큰 효과는 없다고 최근에 밝혀졌다. 연구에 따르면, 아밀로이드 단백질들이 연결되는Oligomerization 시점에서 독성이 강해지므로 이때 처리를 해야 하는 데, 스스로 독성을 줄이기 위해 덩어리를 형성하고 덩어리가 커질 대로 커져서 독성이 뇌신경을 파괴하고 난 다음에야 알츠하이머 진단이 가능하므로 약을 써봐야 뇌 기능이 회복되지 않는다는 것이다. 결국 적당한 처치를 위해서는 조기 진단이 필요한 것이다.

알츠하이머병의 용의자로 여겨지는 아밀로이드 단백질이든 다중 인산화 타우 단백질이든 신기하게도 기억 쪽을 담당하는 내측두엽 근처에서부터 시작해서 신경망을 타고 전달된다. 특히 기능적으로 활발한 연결을 보이는 방향으로 더 활발히 전파되는 것으로 알려져 있다. 결국 기억과 관련된 뇌 기능 연결성의 변화를 측정함으로써 신경인지장애를 초기에 진단하는 것이 가능할 것이다. 2016년 보고에 따르면 뇌자도를 이용하여 작업기억Working memory 수행 시의 뇌 기능 연결성을 분석함으로써 경도인지장애Mild cognitive impairment를 98%의 정확도로 진단하는 데 성공했다고 한다.

뇌 기능 연결성을 보기 위한 새로운 방법

나는 뇌자도에 의한 직접적 뇌신경의 전기활동을 직접 측정하여 분석하는 방법에서 더 나아가서, 뇌파가 직접 공명시킨 뇌 내의 양성자를 SQUID 센서로 측정하여 영상화함으로써 뇌 기능 연결성을 가시화하겠다는 제안을 하였다. 뇌파자기공명Brainwave magnetic resonance이라고 명명한 이 방법은 지구 자기장 이하로 MRI 자기장을 낮추면, MRI의 rf 펄스 대신 머릿속의 뇌파가 발생하는 자기장이 뇌를 이루는 수분 내의 양성자를 공명시킬 수 있다는 가정을 이용한다.

뇌전도든 뇌자도든 기본적으로는 완전히 상관되어 있는 서로 다른 복수의 위치에서의 전기적 흥분을 구분할 방법이 없고, 이 경우 국지화 오차도 매우 크기 마련이다. 결국 완전히 상관된 두 신경전류원은 기능적으로 연결되어 있을 가능성이 매우 큼에도 불구하고, 국지화하여 기능 연결성을 규명할 수가 없는 것이다. 이 경우 뇌파자기공명을 이용하면 같은 주파수를 발생하는 뇌파가 지나는 근방의 양성자들이 모두 공명하여 자화 방향이 바뀌게 되므로, 이 바뀐 자화 방향의 양성자들만 영상화하는 방법으로 뇌파를 매개로 연결된 뇌의 위치들을 가시화한다는 아이디어다. 결국 뇌 기능 연결성을 그대로 가시화하는 것이다. 이 방법은 극저자장에서의 MRI가 가능해야 활용할 수 있는 것이고, 보통

MRI 신호는 자기장의 제곱에 비례하여 증가하므로, 낮은 자기장에서의 MRI 영상을 얻는 것은 매우 힘든 일이다. 이런 낮은 신호를 SQUID 센서의 민감도로 극복하여 측정하겠다는 시도가 진행 중이다.

새로운 시대로의 도약

여기까지 뇌자도를 중심으로 뇌전도, fMRI 등 여러 가지 뇌 기능 측정 수단을 살펴보았다. 이런 첨단 측정 장비들이 개발되면서 이전에는 모르던 뇌의 비밀에 점점 더 접근하게 되었다. 서로 다른 측정 수단들은 각각의 장단점이 있으므로, 각각의 특징과 한계를 잘 알고 상보적으로 적용함으로써, 뇌의 기능을 보다 더 깊고 정확하게 알 수 있을 것이다.

아직까지는 인간의 감각에 관해서는 객관적 측정지표가 없다. 통증 때문에 병원에 방문하면, "인생에서 가장 아팠던 경험을 10이라고 했을 때, 지금 느끼는 통증은 1부터 10까지 중에 얼마에 해당하나요?"라는 질문을 받는다. 이것은 순서량이라고 하는 측정값으로서 매우 주관적이다.

2010년 국제도량형국BIPM 워크숍에서는 'Measuring the Impossible'을 주제로 기존 단위로는 측정 또는 정의할 수 없는 인간 지각의 측정과 해석에 관한 미래 측정표준의 필요성이 대두되었다. 뇌자도 등 정밀 뇌 기능 측정수단을 이용한 감각 및 지각 과정의 연구는 기존의 주관적 설문응답 대신 객관적인 뇌신경생리학적 반응을 측정할 수 있다는데 의의가 있다.

100년 동안 유지되던 질량$_{kg}$ 등 원기 기반의 측정 표준이 원리 기반으로 바뀌어 객관화되는 지금 시점에서, 인간의 의식과 감각도 뇌 기능의 측정으로부터 객관화될 수 있는 날을 꿈꿔본다.

4장

뇌의 기능을 보는 방법

최원석

전남대학교 교수

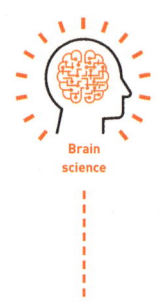

특정한 종류의 신경세포 활성이 억제된 유전자 조작 생쥐를 이용한 특정 신경회로의 기능 연구

우리의 뇌는 여러 가지 종류의 신경세포들이 복잡하게 연결된 회로로 구성되어 있으며, 이 회로를 구성하고 있는 신경세포의 특징과 회로의 연결관계에 의해 만들어진 복합적인 작용에 의해 우리 몸의 조절에서부터 고차원적인 지식과 감정, 사고능력 등의 다양한 기능을 수행하게 된다. 이러한 뇌의 복잡한 특성 때문에 뇌의 구조와 기능을 자세히 이해하기 위한 연구는 다른 과학 분야에 비해 상대적으로 진전이 느린 편이다. 그러나 최근 들어 이렇게 복잡하게 얽혀 있는 신경회로를 하나하나 분석할 수 있는 여러 가지 기술과 신경세포 및 신경줄기의 미세구조까지도 정밀하게 분석할 수 있는 정밀한 현미경 기술이 개발되면서 신경세포 하나하나의 연결들까지 모두 파악하여 신경회로의 연결전체

Connectome를 밝히고자 하는 방향으로 연구들이 진보하고 있다. 신경세포의 연결 및 기능을 연구하는 방법으로는 다음과 같은 것들이 있다.

1. **세포 염색 또는 표지법** : 특정한 신경세포만을 색소로 염색하거나 형광을 내는 특별한 단백질을 발현시켜 형광으로 추적함으로써 그 신경세포의 형태 및 연결관계를 밝힐 수 있는 방법
2. **전기생리학적 신호분석** : 신경세포가 신호를 전달하기 위해 만들어내는 전기적인 신호를 분석하여 그 신경세포의 신호 특성 및 기능을 연구할 수 있는 방법
3. **광유전학적 연구** : 특정한 신경세포가 빛에 반응하는 유전자를 발현시켜 빛에 의해 그 신경세포의 활성을 조절할 수 있는 방법. 이 방법에 의해 인위적으로 특정한 신경세포의 활성화 또는 비활성화를 유도하여 그 신경세포의 기능을 밝혀낼 수 있는 방법

이외에도 인위적으로 신경세포에 발현되는 유전자를 제거Knockout하거나 그 유전자의 발현을 증가시킴으로써 신경세포 유전자의 기능을 밝히고 나아가 그 유전자가 발현되는 신경세포의 기능을 연구할 수 있는 방법이 있다. 본문에서는 특정한 신경네트워크에 의해 조절되는 뇌의 기능을 연구할 수 있는 방법으로써, 미토콘드리아 핵심 유전자를 제거한 동물을 이용하는 방법과 이 동물모델을 만들게 된 연구과정을 소개한다. 이 방법은 동물모델에서 특정한 신경 네트워크의 신경전달물질에 의해 조절되는 뇌 기능을 밝히는 연구에 유용하게 활용할 수 있다.

파킨슨병 연구를 위한 미토콘드리아 억제 모델 연구

나는 오랫동안 신경세포가 죽는 기전과 신경세포의 이상에 의해 일어나는 뇌 질환에 대한 연구를 수행해왔다. 그 중 주요 연구 대상은 파킨슨병이라고 하는 퇴행성 뇌 질환인데 퇴행성이라는 말은 서서히 우리 몸의 기능이 망가지게 된다는 뜻이다. 이 질환에 걸리게 되면 신경전달물질인 도파민을 만들어서 분비하는 신경세포가 죽음으로써 도파민에 의해 조절되는 여러 가지 뇌 기능 이상이 생기게 된다.

도파민이 뇌의 가운데에 있는 중뇌의 작은 부위, 흑질에서 만들어져서 보다 앞쪽에 있는 선조체Striatum로 전달되는 신경회로는 정교한 운동 조절에 중요한 회로로서, 이것이 손상되면 파킨슨병에 걸리게 된다.

파킨슨병에서 도파민을 분비하는 신경세포가 죽는 이유에 대해서는 아직 정확히 알려져 있지 않으나 여러 가지 가설 가운데 미토콘드리아 이상이 주요 원인이라고 주장하는 가설이 가장 오랫동안 인정받고 있다.●

● Abou-Sleiman, P. M., Muqit, M. M. & Wood, N. W. Expanding insights of mitochondrial dysfunction in Parkinson's disease. Nat Rev Neurosci 7, 207-219, (2006)
Langston, J. W., Ballard, P., Tetrud, J. W. & Irwin, I. Chronic Parkinsonism in humans due to a product of meperidine-analog synthesis. Science 219, 979-980, (1983)
Lang, A. E. & Blair, R. D. Parkinson's disease in 1984: an update. Can Med Assoc J 131, 1031-1037, (1984)
Haas, R. H. et al. Low platelet mitochondrial complex I and complex II/III activity in early untreated Parkinson's disease. Annals of neurology 37, 714-722, (1995)
Mizuno, Y. et al. Deficiencies in complex I subunits of the respiratory chain in Parkinson's disease. Biochem Biophys Res Commun 163, 1450-1455, (1989)
Parker, W. D., Jr., Boyson, S. J. & Parks, J. K. Abnormalities of the electron transport chain in idiopathic Parkinson's disease. Annals of neurology 26, 719-723, (1989)
Schapira, A. H. et al. Mitochondrial complex I deficiency in Parkinson's disease. Lancet 1, 1269, (1989)

파킨슨증후군이란?**

도파민성 신경세포의 이상에 의해 뇌 기능 손상이 나타남으로써 삶의 질을 전반적으로 저하시키는 심각한 질병으로 다음과 같은 주요 증상들을 나타내는 질환들을 총칭하는 말인 파킨슨증후군(Parkinson plus syndrome)에는 파킨슨병, 이차파킨슨증후군(Secondary parkinsonism), 비전형 파킨슨증후군(Parkinson plus syndrome) 등이 포함된다.

그림 1. 파킨슨병 환자의 사진

* 출처 : Albert Londe, Nouvelle Iconographie de la Salpêtrière t.5(1892) p.238

주요 증상

- 천천히 움직임(Brady kinesia)
- 몸이 뻣뻣해짐(Rigidity, freezing)
- 손발이 떨림(Rest tremor)
- 균형과 자세 유지 장애(Abnormal postural reflex)

** Dawson, T. M. & Dawson, V. L. Molecular pathways of neurodegeneration in Parkinson's disease. Science 302, 819–822, (2003)

Hirsch, E. C., Jenner, P. & Przedborski, S. Pathogenesis of Parkinson's disease. Movement disorders : official journal of the Movement Disorder Society 28, 24–30, (2013)

Olanow, C. W. & Tatton, W. G. Etiology and pathogenesis of Parkinson's disease. Annu Rev Neurosci 22, 123–144., (1999)

Abou-Sleiman, P. M., Muqit, M. M. & Wood, N. W. Expanding insights of mitochondrial dysfunction in Parkinson's disease. Nat Rev Neurosci 7, 207–219, (2006)

파킨슨병
파킨슨증후군 가운데 중뇌의 도파민 신경세포의 사멸이 주요 요인인 질병이다.

역학
- 퇴행성 질환 중 알츠하이머병 다음으로 흔한 질병이다.
- 50세 이상에서 1% 정도 발병. 노령화에 따라 급속히 증가하고 있는 질병이다.
- 파킨슨증후군의 대부분은 파킨슨병(80% 이상)이다.
- 40~70대 나이에 걸쳐 첫 증상 시작된다.

진행
- 초기 증상은 매우 경미하여 진단을 내리기가 쉽지 않다.
- 떨리는 것이 주 증상인 환자군(Tremor dominant group)과 보행의 이상과 자세 반사의 이상이 주로 발생하는 환자군(Postural instability dominant type)으로 나뉜다.
- 앞에서 언급한 운동성 기능 이상 외에도 다양한 비운동성 증상이 나타난다(변비, 불안-우울증, 불면증, 치매, 후각마비 등).

치료
- 병의 진행을 억제하거나 완치할 수 있는 치료법은 아직 상용화된 것이 없으므로 연구가 필요하다.
- 현재에는 엘도파(L-Dopa) 등 증상을 완화시키는 치료법이 사용되고 있다.

파킨슨병의 원인
- 신경세포는 신경전달물질을 만들어 분비함으로써 다음 세포로 신호를 전달한다.
- 신호 전달물질 가운데 도파민을 만드는 세포는 중뇌(Midbrain)에 많이 분포하는데 그중 흑질(Substantia Nigra)의 신경세포에서 도파민이 가장 많이 만들어지며, 이곳에서 만들어진 도파민은 신경세포의 축삭(Axon)을 따라 선조체(Striatum)로 전달된다.
- 선조체를 포함하는 기저핵(Basal ganglia)은 신체의 움직임을 세밀하게 조절하는 부위이므로 이곳으로 전달되는 도파민이 부족하게 되면 신호전달에 이상이 생겨 파킨슨병의 증상들이 나타난다.

조직상의 특징
- 중뇌 흑질의 치밀질(Substantia nigra pars compacta)의 도파민 신경세포가 사멸되면서 발생

한다.
- 변성이 발생한 중뇌 흑질의 도파민 신경세포를 관찰하면 원형의 루이소체(Lewy body)가 보이는데 이것이 파킨슨병의 주요 병리적 특성 중 하나다.

원인 및 발병기전
- 유전적인 요인으로는 알파시뉴클린(Alpha-Syn), 파킨(Parkin), 핑크1(PINK1), 디제이-1(DJ-1), 럴크2(LRRK2) 등 10여 가지 유전자 변형이 알려져 있다. 그러나 이들에 의한 유전적 파킨슨병은 전체 파킨슨병의 10% 미만에 불과하다.
- 환자의 대부분(90% 이상)은 환경적인 요인에 의한 산발성(Sporadic) 파킨슨병이다.
- 알려진 환경요인으로는 병을 줄이는 요소로 커피 등이 있고 병의 위험을 증가시키는 요소로 노화와 살충제와 같은 환경독소 등이 있다.
- 파킨슨병의 기전을 설명하는 몇 가지 가설이 있는데 그 중 활성 산소 또는 미토콘드리아 이상에 의한 세포사멸설이 오랫동안 지배적이었으며 최근 들어 환경독소 가설이 점차 주목을 받고 있다.

미토콘드리아는 세포 안에서 에너지를 만들어내는 발전소와 같은 역할을 한다. 이 과정에서 미토콘드리아 내부에 있는 전자전달계를 통하여 전자들이 이동하게 되는데, 미토콘드리아 이상 가설에 따르면 미토콘드리아 전자전달계에서 처음으로 전자를 전달받는 단백질 복합체에 이상이 생겨 전자의 흐름이 방해를 받게 되면 독성이 있는 활성산소가 과다하게 생기고 이에 따라 세포가 죽게 된다는 이론이다.

이 가설을 뒷받침하는 증거로써 미토콘드리아를 억제하는 약물에 노출될 경우 사람과 동물에서 파킨슨병과 유사한 증상이 나타나게 된다는 점을 들 수 있다. 그러나 약물이 가질 수 있는 다양한 비특이적 효과들로 인해 순수하게 미토콘드리아의 활성 억제만으로 파킨슨병이 유발될 수 있는지에 대해서는 확인되지 않았다.

따라서 이런 문제점을 극복하고 유전적인 조작을 통하여 순수하게 미토콘드리아만 억제한 모델을 제조하는 연구가 시작되었다.

유전자조작모델을 이용한 파킨슨병 기전 연구●

미토콘드리아 가설을 유전적인 모델로 재현하기 위하여 전자전달계의 첫 번째 복합체를 구성하는 Ndufs4라는 단백질의 유전자를 제거한 유전자 조작 생쥐 Knockout mouse 를 먼저 테스트해보았다.

이 생쥐에서는 Ndufs4 단백질이 발현되지 않기 때문에 전자전달계 복합체가 제대로 만들어지지 않으며 따라서 미토콘드리아에서 첫 번째 복합체의 활성이 절반 이하로 감소하게 된다. 그런데 이 생쥐에서는 생존 기간 동안 도파민을 만드는 신경세포의 죽음이나 그에 따라 나타날 수 있는 운동기능의 이상과 같은 파킨슨병의 특징들이 관찰되지 않았으며 이 생쥐로부터 분리 배양된 도파민성 신경세포에도 별다른 이상이 나타나지 않았다. 따라서 미토콘드리아의 활성 억제만으로는 도파민을

● Choi, W. S., Kruse, S. E., Palmiter, R. D. & Xia, Z. Mitochondrial complex I inhibition is not required for dopaminergic neuron death induced by rotenone, MPP+, or paraquat. Proc Natl Acad Sci U S A 105, 15136-15141, (2008)

Choi, W. S., Palmiter, R. D. & Xia, Z. Loss of mitochondrial complex I activity potentiates dopamine neuron death induced by microtubule dysfunction in a Parkinson's disease model. J Cell Biol 192, 873-882, (2011)

만드는 신경세포가 죽지 않으며 그에 따른 파킨슨병 또한 일어나지 않는다는 것을 알 수 있었다.

한편 파킨슨병을 일으키는 것으로 알려진 환경독소 가운데 양식장이나 농작물 재배에 사용되는 로테논Rotenone이라는 살충제가 있는데 많은 양에 노출될 경우 파킨슨병 발병률이 높아지는 것으로 알려져 있다. 로테논은 원래 미토콘드리아를 억제시키는 성질이 있어 도파민성 신경세포를 죽게 만드는 것이라고 생각했다. 그런데 실험으로 확인해보니 이 물질에 의해 미토콘드리아가 억제되는 정도는 매우 미약해서 그것만으로는 세포를 죽게 만들 수 없을 것이라는 결과가 관찰되었다. 또한 미토콘드리아를 억제하는 기능보다는 세포 골격의 한 종류인 미세소관Microtubule을 불안정하게 만들어서 억제하는 기능이 이 물질의 보다 강력하고 주된 기능이라는 것을 알게 되었다.

미세소관은 신경세포에서 기다란 기둥과 같은 구조를 형성하여 세포의 골격 역할을 하고 또 신경세포가 만드는 신경전달물질 전달체 등 다양한 구성요소를 신경줄기의 끝으로 전달하는 통로 역할을 한다.

따라서 로테논과 같은 환경독소에 의해 미세소관의 구조가 무너질 경우 도파민과 같은 신경전달물질의 전달 및 분비가 원활하게 일어나지 못하게 되고 그에 따라 세포 내에서 운반되고 제거되어야 할 독성 물질들의 양이 증가하여 결국은 그 신경세포가 죽게 된다.

그런데 흥미롭게도 앞에서 만든 미토콘드리아 활성억제 유전자 조작 세포에 환경독소를 동시에 처리할 경우 일반 신경세포에 비해 유전자 조작 신경세포가 훨씬 더 많이 죽는다는 사실을 발견하였다.

이것은 미토콘드리아 억제가 그 자체만으로는 파킨슨병을 일으키기에 충분하지 않으나 환경적인 요인 등 여러 가지 요인과 복합적으로 작용하게 될 때에는 파킨슨병이 발병할 가능성을 높이는 요인이 될 수 있음을 보여주는 결과다.

도파민 신경 억제 유전자 변형 동물 개발●

상기한 동물 모델을 통한 연구에는 한 가지 한계점이 있었다. 바로 유전자 이상에 의해 미토콘드리아 활성이 모든 세포에서 억제되어 생쥐가 생후 약 7주 정도만 생존했다는 것이다. 파킨슨병이 주로 노년기에 발병하는 점을 고려한다면 노년기까지 생존이 가능한 미토콘드리아 억제 모델을 만드는 것이 필요했다. 따라서 파킨슨병에서 주로 손상되는 도파민성 신경세포에서만 선택적으로 미토콘드리아 유전자를 제거함으로써 나머지 다른 세포에는 미토콘드리아가 정상적으로 유지되어 전반적인 신체기능에 이상이 생기지 않는 동물 모델을 제조하였다. 예상과 같이 이 동물은 대조군 생쥐와 비슷한 정도로 2년이 넘는 기간 동안 생존이 가능하였으며 따라서 이 모델을 활용하여 노화에 따른 미토콘

● Choi, W. S., Kim, H. W., Tronche, F., Palmiter, R. D., Storm, D. R. & Xia, Z. Conditional deletion of Ndufs4 in dopaminergic neurons promotes Parkinson's disease-like non-motor symptoms without loss of dopamine neurons. Sci Rep. 7:44989 (2017)
Kim HW, Choi WS, Sorscher N, Park HJ, Tronche F, Palmiter RD, & Xia Z. Genetic reduction of mitochondrial complex I function does not lead to loss of dopamine neurons in vivo. Neurobiol Aging. 36(9):2617-27(2015)

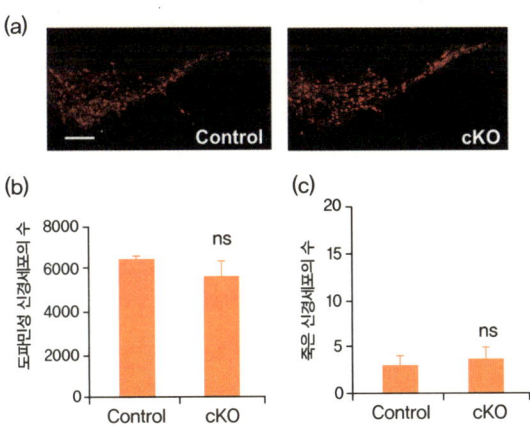

그림 2. 유전자 제거 생쥐의 도파민성 신경세포[**]

a : 도파민성 신경세포의 조직 내 분포
b : 도파민성 신경세포의 수
c : 세포 사멸 정도
* Control : 정상마우스,
  cKO : 도파민성 신경세포에만 미토콘드리아 유전자를 제거한 유전자 조작 생쥐.
  ns : 통계적 유의성 없음

드리아 억제의 효과를 연구할 수 있었다.

그러나 그림 2에서 보듯이 이번 동물에서도 도파민성 신경세포의 숫자와 분포에 별 변화가 없으며 나이가 들어서 노화가 상당히 진행될 때까지도 유의한 수준으로 도파민성 신경세포의 수가 줄어들지 않았다. 또한 신경세포의 사멸과정에서 나타나는 신호도 증가되지 않았다. 이 결과를 통하여 노화가 진행되더라도 미토콘드리아 억제가 도파민성 신

[**] Choi, W. S., Kim, H. W., Tronche, F., Palmiter, R. D., Storm, D. R. & Xia, Z. Conditional deletion of Ndufs4 in dopaminergic neurons promotes Parkinson's disease-like non-motor symptoms without loss of dopamine neurons. Sci Rep. 7:44989 (2017)

경세포를 죽게 하는 주된 원인이 될 수 없음을 알 수 있었다.

그렇다면 눈에 보일 정도로 도파민성 신경세포가 줄어들지는 않았지만 실은 미토콘드리아 억제에 의해 그 기능이 감소하여 도파민성 신경세포에 의해 조절되는 운동기능 등 뇌 기능에 문제가 나타날 가능성을 생각해볼 수 있다. 그러나 파킨슨병과 관련된 운동기능을 시험하기 위해 널리 사용되는 로타로드(Rotarod, 점점 빠른 속도로 회전하는 원통 위에서 동물이 얼마나 오랫동안 버틸 수 있는지를 측정하는 실험)와 오픈필드(Openfield, 네모난 공간 안에서 자유롭게 움직이는 동물의 동선을 추적하여 이동 속도 등 일반적인 운동능력을 조사하는 실험) 실험 결과 미토콘드리아 억제 동물에서 큰 이상이 나타나지 않았다. 따라서 미토콘드리아 전자전달계의 첫 번째 복합체 이상만으로는 파킨슨병을 일으키기에 충분하지 않으며 이외의 다양한 복합적인 요소들이 결합되어 파킨슨병이 일어나는 것으로 보인다.

도파민 신경의 선택적 억제에 따른 뇌 기능의 변화

그런데 도파민성 신경세포에만 미토콘드리아 기능을 감소시킨 이 생쥐 모델에서 도파민 신호를 조사하여 보니 도파민이 분비되는 부위에서 대조군에 비해 절반 정도로 도파민의 양이 감소한 것을 알 수 있었다(그림 3). 따라서 결과적으로 특별한 건강상의 이상이 나타나지 않으면서 도파민 신경회로만을 선택적으로 억제시킨 마우스 모델이 만들어진 셈이었다. 이 모델을 이용하게 되면 도파민 신경회로만이 선택적으로 억제된 동물에서 나타나는 뇌 기능의 이상을 알아볼 수 있으며 도파민성 신경회로의 기능을 이해하는데 도움이 될 수 있다.

뇌 기능을 알아보는 방법으로써 여러 가지 동물 행동을 조사하는 실험을 수행할 수 있다. 앞에서 살펴본 운동기능 행동 실험 외에도 여러 가지 뇌 기능을 조사하는 행동실험이 있는데 그림 4는 일정 높이 이상으로 올려진 위치에서 시행하는 십자형 미로 테스트Elevated plus maze로써 마주보는 2개의 길은 높은 벽으로 둘러싸여 있고 나머지 2개의 길에는 벽이 없다. 생쥐는 위험한 곳을 피하려는 본능에 의해 벽으로 둘러싸인 길(그림 4(a)에서 C로 표시된 부분)에 주로 머무르려고 하지만 어느 정도 안전한 것이 확인되면 새로운 환경으로 나가서 열려 있는 공간(그림 4(a)에서 O로 표시된 부분)을 탐색하게 된다. 따라서 열려 있는 공간으로 많이 나갈수

그림 3. 뇌 부위별 도파민의 양●

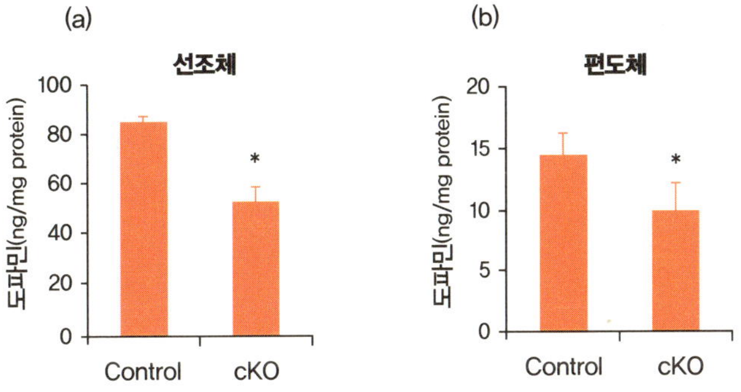

* Control : 정상마우스
  cKO : 도파민성 신경세포에만 미토콘드리아 유전자를 제거한 넉아웃 마우스

● Choi, W. S., Kim, H. W., Tronche, F., Palmiter, R. D., Storm, D. R. & Xia, Z. Conditional deletion of Ndufs4 in dopaminergic neurons promotes Parkinson's disease-like non-motor symptoms without loss of dopamine neurons. Sci Rep. 7:44989 (2017)

록 불안도가 낮은 상태로, 벽으로 둘러싸인 공간에 많이 머무를수록 불안도가 높은 것으로 해석할 수 있다. 그림에서와 같이 도파민 신경회로가 억제된 마우스의 경우 대조군에 비하여 불안한 정도가 현저히 증가해 있음을 알 수 있다.

두려움 또는 불안을 측정하는 또 다른 방법으로 사방과 위아래가 검은 벽으로 둘러싸인 어두운 상자와 열려 있는 밝은 상자 사이에 이동

그림 4. 도파민성 신경회로의 억제에 따라 나타나는 불안증세, elevated plusmaze

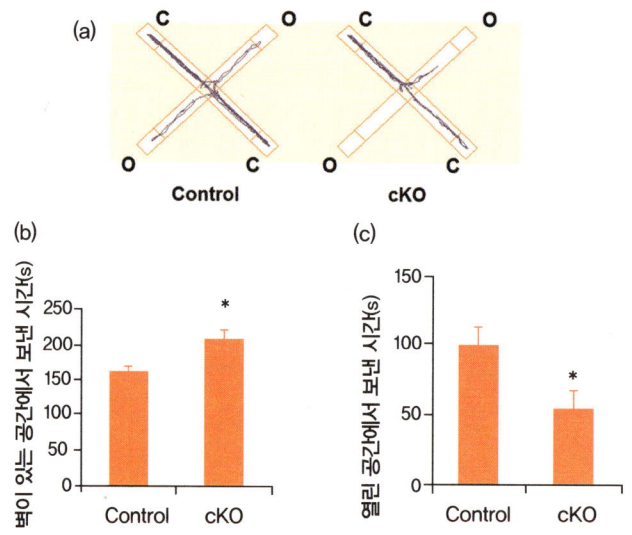

* Control : 정상마우스
  cKO : 도파민성 신경세포에만 미토콘드리아 유전자를 제거한 넉아웃 마우스

● Choi, W. S., Kim, H. W., Tronche, F., Palmiter, R. D., Storm, D. R. & Xia, Z. Conditional deletion of Ndufs4 in dopaminergic neurons promotes Parkinson's disease-like non-motor symptoms without loss of dopamine neurons, Sci Rep. 7:44989 (2017)

하는 정도를 측정하는 명암상자Light-dark box 테스트, 사회적 반응도Social interaction 조사 등의 방법이 있다. 그림 5(a)처럼 도파민 신경회로가 억제된 생쥐는 대조군에 비해 밝은 공간으로 나가기를 꺼려해 이동 횟수가 현저히 감소한 것을 알 수 있으며, 그림 5(b)는 다른 동물에 대한 두려움이 현저히 증가한 일종의 대인공포증과 같은 증상을 나타내는 것을 확인했다.

또한 앞서 운동성 테스트에 사용되었던 오픈필드 테스트에서도 불안도의 증가를 확인할 수 있는데 그림 6과 같이 도파민 회로 억제 동물의 경우 대조군에 비하여 상자의 가운데 부분을 더 적게 지나다니고 주로

그림 5. 도파민성 신경회로의 억제에 따라 나타나는 불안증세
(light-dark box test, social interaction test**)

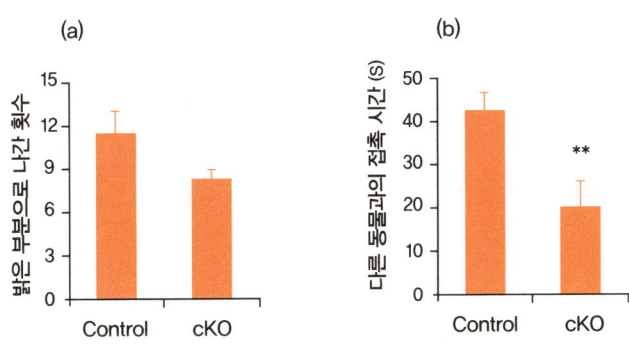

* Control : 정상마우스
cKO : 도파민성 신경세포에만 미토콘드리아 유전자를 제거한 넉아웃 마우스

•• Choi, W. S., Kim, H. W., Tronche, F., Palmiter, R. D., Storm, D. R. & Xia, Z. Conditional deletion of Ndufs4 in dopaminergic neurons promotes Parkinson's disease-like non-motor symptoms without loss of dopamine neurons. Sci Rep. 7:44989 (2017)

그림 6. 도파민성 신경회로의 억제에 따라 나타나는 불안증세● (openfield test)

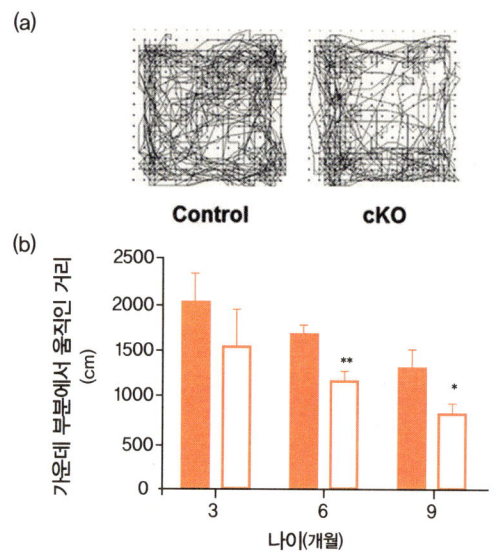

* Control : 정상마우스
  cKO : 도파민성 신경세포에만 미토콘드리아 유전자를 제거한 넉아웃 마우스

안전하다고 느껴지는 가장자리 쪽으로 다닌 것을 확인할 수 있다.

이와 같은 불안도의 증가는 공황장애, 공포증 등 인간의 불안장애와 유사한 행동특성으로써 앞의 행동실험결과들을 통하여 도파민 신경회로가 억제될 경우 동물의 불안도가 증가되는 것을 알 수 있었다. 따라서 도파민 신경회로의 기능이 불안한 마음을 억제하고 안정감을 증가시키는 기능을 담당할 가능성을 보여주는 결과다. 뇌의 구조 가운데 이

● Choi, W. S., Kim, H. W., Tronche, F., Palmiter, R. D., Storm, D. R. & Xia, Z. Conditional deletion of Ndufs4 in dopaminergic neurons promotes Parkinson's disease-like non-motor symptoms without loss of dopamine neurons. Sci Rep. 7:44989 (2017)

그림 7 ab. 도파민성 신경의 조직 분포(a. 선조체, b. 편도체), cd. 도파민성 신경염색 정량●●

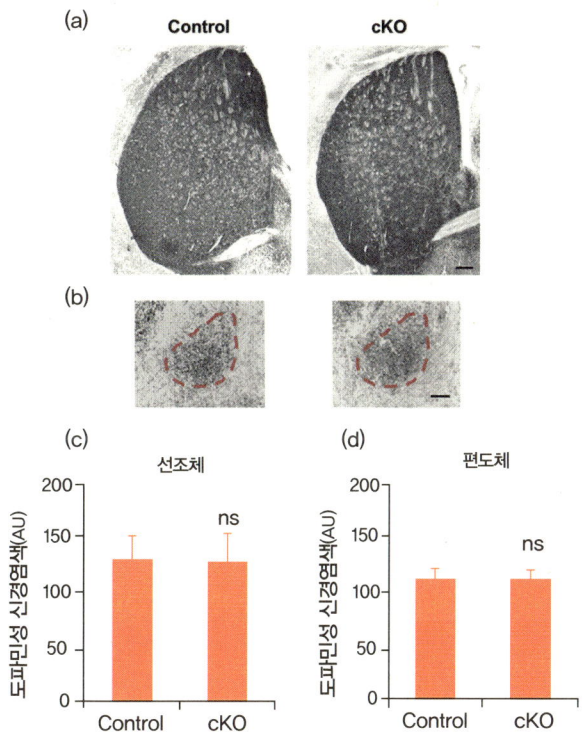

* Control : 정상마우스
  cKO : 도파민성 신경세포에만 미토콘드리아 유전자를 제거한 넉아웃 마우스

와 같은 불안·공포의 중추인 편도체Amygdala에서 도파민 신경회로의 구조적인 이상이 일어나는지를 관찰하기 위하여 그 부위에 해당하는 조직의 단면에서 도파민성 신경에 대한 염색을 수행하였다.

●● Choi, W. S., Kim, H. W., Tronche, F., Palmiter, R. D., Storm, D. R. & Xia, Z. Conditional deletion of Ndufs4 in dopaminergic neurons promotes Parkinson's disease-like non-motor symptoms without loss of dopamine neurons. Sci Rep. 7:44989 (2017)

뇌조직상에서 도파민성 신경세포 축삭의 분포 및 밀도는 대조군과 도파민 감소 마우스에서 비슷한 정도로 나타났다. 이것은 중뇌에서 시작된 도파민 신경의 축삭이 목표지점까지 이상 없이 연결되어 있음을 나타내는 것으로, 이를 통해 이 동물이 도파민 신경 회로 자체는 정상적으로 유지되나 그 회로를 통해 전달되는 도파민성 신경 신호가 약화된 모델이라는 것을 확인했다. 따라서 이 동물 모델에서 나타나는 불안 관련 행동의 증가는 도파민 신호의 감소에 의해 유발되는 것으로 보이며 이를 통하여 도파민의 불안조절 기능을 확인할 수 있었다.

뇌 기능을 알아보는 방법들

이상과 같이 특정 종류의 신경회로 관련 뇌 기능을 알아보는 연구들을 소개하였다. 이 모델에 사용된 기술은 특정 신경세포의 종류에 따른 신경회로 억제 모델 개발에 활용될 수 있으며 최근 점차 활발하게 사용되고 있는 광유전학적인 신경조절방법과 보완하여 활용한다면 신경회로의 구조 및 기능 연구에 상당히 기여할 것으로 보인다.

뇌에 대해 궁금한 것들

문: 신경세포는 어떻게 생겼나?
답: 신경세포는 다양한 형태로 존재하지만 기본적으로는 신경세포의 몸통에 해당하는 신경세포체와 신경신호를 받아들이는 수상돌기,

신경신호를 다른 세포에게 전달하는 축삭(돌기)으로 이루어져 있다.

문: 미토콘드리아는 무엇인가?

답: 미토콘드리아는 세포에서 에너지를 만들어내는 발전소 같은 역할을 하는 세포소기관이다. 에너지를 공급하기 위해 세포에 반드시 필요하지만 동시에 독성을 가지는 활성산소가 가장 많이 만들어지는 장소이기도 하다.

문: 미토콘드리아가 도파민성 뉴런과 어떤 관련성이 있나?

답: 기존의 가설에 따르면 미토콘드리아의 이상에 대하여 도파민성 신경이 특별히 예민해서 다른 곳에 영향이 나타나기 전에 선택적으로 도파민성 신경세포의 손상이 나타나며 따라서 파킨슨병이 생길 것이라고 예상하였다. 그러나 앞의 결과들이 보여주는 것과 같이 온몸에 미토콘드리아가 억제되는 모델에서 도파민성 신경에만 선택적으로 영향을 받는 것이 관찰되지 않았다.

문: 파킨슨병에서 나타나는 변비, 체중 감소 등이 관찰되었는가?

답: 관찰되지 않았는데 아마도 생쥐를 사육하는 환경이 인위적인 환경인 것이 이유일 수 있다.

문: 파킨슨병 치료약인 엘도파를 투여하면 뇌 기능 이상이 회복되는 것을 확인하였는가?

답: 엘도파를 투여하였으나 증상의 회복은 나타나지 않았다.

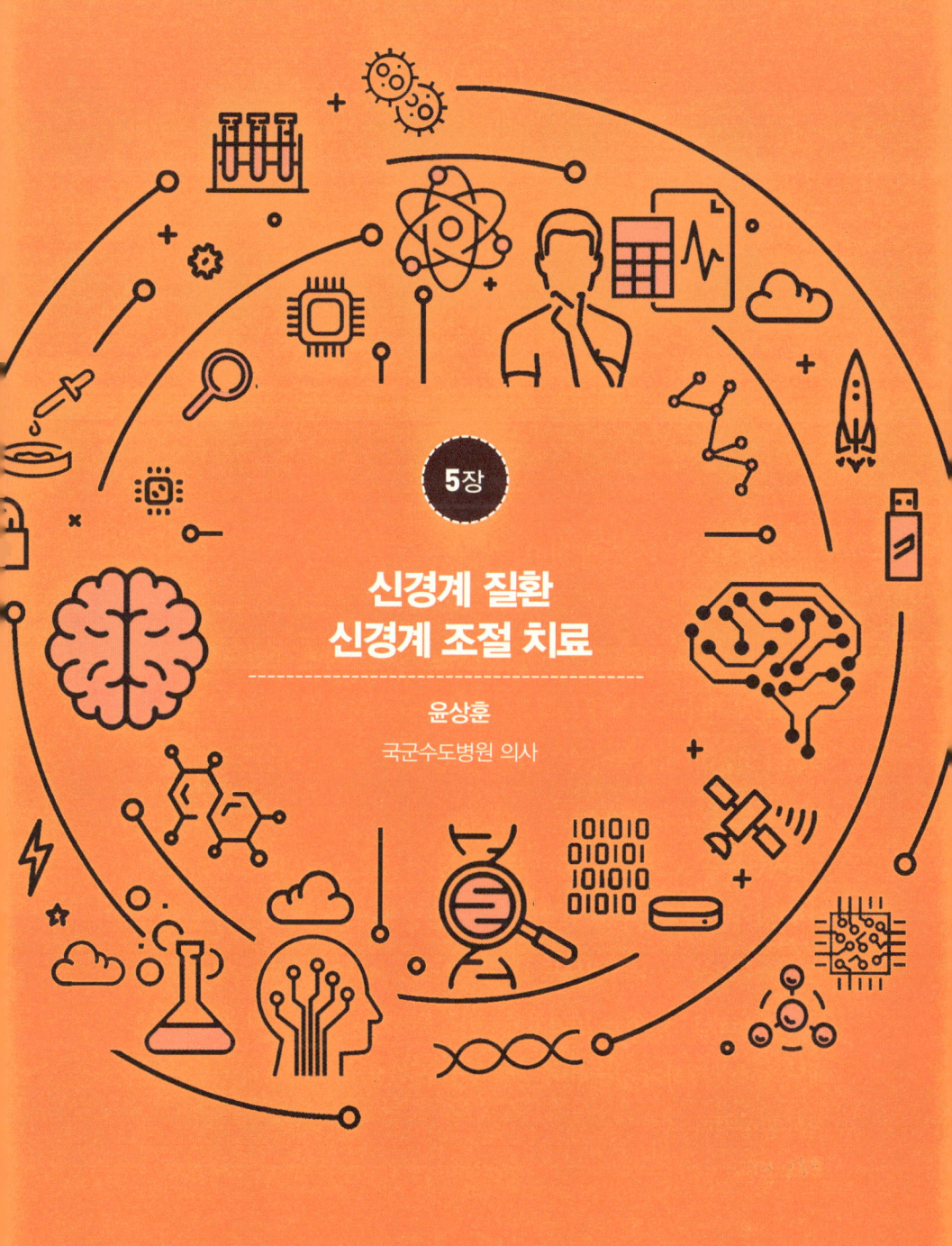

5장

신경계 질환
신경계 조절 치료

윤상훈

국군수도병원 의사

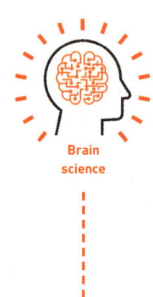

점점 흔해지는 신경계 질환

신경계 질환은 뇌종양, 뇌혈관 질환(중풍, 뇌졸중), 치매, 파킨슨병 등 다양하다. 우리나라 사회가 노령화되면서 만성질환에서 차지하는 신경계 질환의 비율이 계속 높아지고 있으며(그림 1), 이에 따라 자연스럽게 환자가 급증하고 있다.

고령인구는 2025년 1,000만 명을 넘어설 것으로 보인다(그림 2). 노령화 사회가 가속화될수록 뇌 질환 등의 신경계 질환으로 고생하는 환자는 지속적으로 증가할 것으로 보이며, 이미 2015년에 이미 이에 관련한 사회 비용이 11조 원을 넘어섰다. 최근 문재인 대통령의 새 정부 공약에도 치매에 대하여 강조하며 정부나 연구 현장 모두 신경계 질환에 관심이 많아졌다.

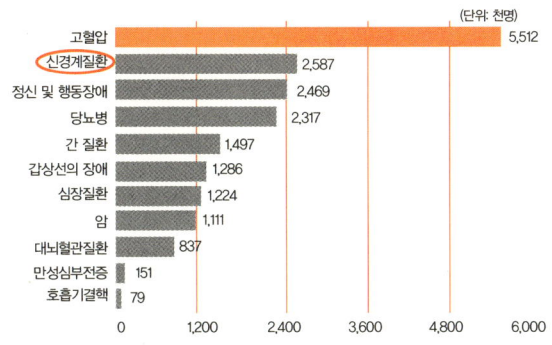

그림 1. 만성질환의 진료 통계에 따른 신경계 질환의 진료 현황(2013)

* 출처 : 2013년 국민건강보험공단 통계 인용

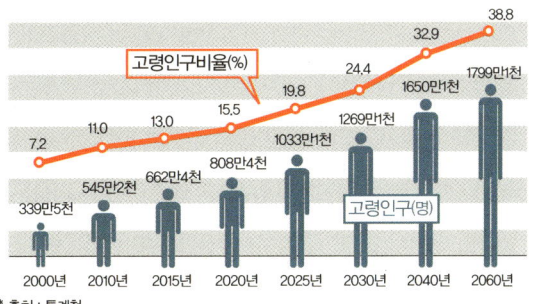

그림 2. 2050년까지 고령인구 비율 및 인구수의 추계

* 출처 : 통계청

다양한 신경계 질환

신경계 질환에는 여러 종류가 있다. 이중에서 퇴행성 신경계 질환으로 대표적인 것은 치매, 파킨슨병, 신경정신과 질환 등이 있는데 이 모두 신경회로의 이상과 관련이 있다. 우리 주위에는 이미 치매 환자가 많아져 주변에서 어렵지 않게 만나게 된다.

대표적으로 치매라 언급되는 알츠하이머병은 치매의 가장 흔한 형태다. 국내에서는 2006년부터 2014년까지 의료기관에서 진료 받은 치매 환자가 67만 6,000여 명이며, 치매로 인한 연간 총 진료비는 2014년 기준으로 1조 6,100여억 원으로 알려져 있다. 치매 관련 사회, 경제적 비용은 연간 8조 7,000억 원(2010년 기준)으로 10년마다 2배씩 증가하는 것으로 추정되며 2020년에는 18조 9,000억 원, 2030년에는 38조 9,000억 원에 이를 것으로 보인다.

현재 국내 치매치료제 시장은 2009년 720억 원에서 연 20%씩 성장하고 있으며 2020년에는 약 2조 원 이상으로 확대될 것으로 예상한다. 이 병은 기억력, 사고력 및 행동상의 문제를 야기하는 뇌 질병으로 정상적인 노화 또는 정신질환과는 다르다. 치매는 일상생활을 방해할 정도의 심각한 기억력 및 기타 지적 능력의 상실을 의미하는 일반 용어다. 알츠하이머병은 치매 사례의 60~80%로 생각보다 더 많이 발병한다. 미국의 경우 500만 명 이상이 알츠하이머병이라고 한다. 미국 내 65세 이상의 인구 비율이 계속 증가함에 따라 알츠하이머병 및 기타 치매에 걸린 미국인은 매년 늘어날 것으로 보인다. 알츠하이머병의 경우 환자만 영향을 받는 것이 아니다. 그들을 돌보는 부양인도 영향을 받는다. 알츠하이머병 환자를 부양하는 것은 매우 어려워서 가족 또는 친구 등 부양가족은 고도의 정서적 스트레스와 우울증을 겪는다.

이 병은 일단 발병하면 시간이 지날수록 악화되며 결국에는 치명적이 된다. 증상은 매우 다양하지만 가장 먼저 알아차리는 문제는 가정 또는 직장에서 생활하거나 오래된 취미활동을 즐길 수 없을 정도로 심각해지는 건망증이다. 다른 증상으로는 혼동, 익숙한 장소에서 길 잃기, 물건 제자리에 두지 않기 및 말하기와 쓰기 관련된 문제 등이 있다.

알츠하이머병으로 치료 받은 유명인으로 로널드 레이건 전 미국 대통령, 마가렛 대처 전 영국 수상, 영화배우 찰스 브론슨, 찰톤 헤스톤 등이 있다. 알츠하이머병이 뇌세포의 점진적 상실과 관련이 있다는 것은 알지만 아직 발생원인을 정확히 모른다. 그럼에도 알츠하이머병의 발병 가능성을 높이는 특정 위험 요인들을 밝혀냈다. 그중 하나가 연령인데, 가장 큰 위험 요인으로 알려져 있다. 65세 이상의 미국인 가운데 8명 중 1명이 알츠하이머병을 앓고 있으며, 85세 이상 노인의 절반이 이 병을 갖고 있다고 한다. 또 다른 위험요인은 가족력이다.

연구에 의하면 본인의 부모나 형제자매 중에 알츠하이머에 걸린 병력이 있을 경우 발병할 가능성이 더 높다고 한다. 2명 이상의 가족이 이 병에 걸린 경우 발병 위험이 증가한다. 가족력이 있는 경우 유전적 또는 환경적 요인 또는 둘 다가 원인이라고 할 수 있다. 과학자들은 알츠하이머병의 위험을 증가시키는 한 유전자를 밝혀냈지만 그 유전자만으로는 알츠하이머병으로 발전할지 여부를 정확히 알 수 없었다. 또한 연구 결과 알츠하이머병의 발병이 확실시 되는 특정 희귀 유전자가 밝혀졌다. 그러나 이런 유전자들은 전 세계에서 몇 백 명 정도에 불과한 일부 확대가족에서만 발견되었으며 모든 알츠하이머병 환자 수의 5% 미만에 불과하다.

병의 약물치료로 가장 잘 알려진 약물은 아세틸콜린에스테라아제 저해제 Donepezil, Rivastigmine, Galantamine 및 NMDA 길항제 Memantine 다. 모두 콜린성 신경계 조절을 목적으로 일정 수준의 인지기능 개선 효능을 보유하고 있음에도 불구하고, 위장관 장애, 환각 등의 부작용으로 인해 새로운 기전의 알츠하이머형 치매치료제를 개발하고 있다.

또 다른 대표적 퇴행성 뇌 질환은 유명한 권투선수 무하마드 알리가 앓아서 유명해진 파킨슨병이다. 치매는 인지장애인데 반하여 파킨슨병은 운동장애다. 파킨슨병은 알츠하이머병 다음으로 많이 발생하는 신경 퇴행성 질환으로 흑질에 존재하는 도파민 신경세포가 선택적으로 사멸하는 현상이 동반이 되며, 선조체에 도파민 신호가 부족하여 안정 시 떨림, 근육 강직, 서동증과 같은 운동기능의 장애 증상이 나타나며, 병리학적으로는 세포질 내 비정상적 단백질 집합체인 루이소체Lewy body가 나타나는 것이 특징이다.●

파킨슨병은 전 세계적으로 약 700만 명의 환자가 있으며, 선진국 기준으로 전체 인구 0.3%의 환자 발생 빈도를 보이며, 연령이 높을수록 발생 빈도가 높아져, 65세 이상에서는 1%의 비율로 발병하는 것으로 알려져 있다. 노인 인구의 비율이 증가하면서 파킨슨병의 발병률이 증가하며, 국내에서도 2009년에 8만여 명의 파킨슨병 환자가 있으며, 최근 5년간 연평균 14%씩 증가하고 있다는 보고가 있다.

파킨슨병과 관련한 의료 산업의 규모는 2012년 미국에서 11억 5,000만 달러였으며 세계적으로 33억 달러에 도달하였다고 한다. 인구의 노령화 추세를 감안했을 때 2022년까지 세계적으로 약 289만 사례의 유

● Moore DJ, Annu Rev Neurosci, 2005

병률을 나타낼 것으로 예상하며, 이에 따른 치료제의 글로벌 시장판매는 미국에서 23억 3,000만 달러, 세계적으로 52억 6,000만 달러에 달할 것으로 보인다. 이에 따른 학문적인 관심뿐 아니라, 경제 사회적 중요성도 점차 증대되고 있다.

레보도파는 도입된 지 40년이 지난 현재도 파킨슨병 관련하여 가장 효과적인 약물이다. 레보도파는 도파민의 전구체로 도파민을 보충하는 치료를 하면 현저하게 증상이 개선된다. 그러나 장기적인 레보도파의 복용은 운동 동요나 이상 운동증 같은 부작용을 유발하기 때문에 진행 파킨슨병 환자에게는 해결해야 할 주요한 걸림돌이 되고 있다. 이러한 장기적인 레보도파 복용의 부작용을 감소하기 위한 외과적 처치방법으로 뇌심부 자극술을 시행한다.

뇌심부 자극술Deep Brain Stimulation, DBS은 파킨슨병과 같은 운동장애질환이나 신경정신질환에서 약물로 조절이 잘 안 되는 환자를 대상으로 한 외과적 시술법이다. 뇌심부 자극술은 미리 선택된 뇌 내 타깃 안에 정위적 방법으로 전극Electrode을 삽입하고, 환자의 피부 안에 삽입한 신경자극기Neurostimulator와 연결한다. 전극의 주요 삽입 부위는 시상하핵SubThalamic Nucleus, STN, 내측 담창구Internal Globus Pallidus, GPi, 배쪽시상Ventral Thalamus, VT이며, 뇌심부 자극술은 운동증상(떨림, 강직, 서동증)과 환자의 삶의 질을 개선시킨다고 알려져 있다.

뇌심부 자극술은 약물처치의 감소뿐 아니라 운동 기능을 개선시킬 수 있지만, 치료 메카니즘은 잘 알려 있지 않다. 다만 도파민 관련 신경세포와 신경회로 영향을 주는 전기적 자극으로 인해 특정 타깃에 전기신호를 주어 치료 효과를 보이기도 하고 타깃 신경 주위에도 전기적 신호를 동시에 전달하기 때문에 부작용을 일으킬 수 있는 것으로 생각하고 있다. 그럼에도 불구하고, 뇌심부 자극술을 받는 환자는 지난 5년간 증가하고 있다.●

파킨슨병은 비교적 다른 신경계 질환보다 치료 경험 및 과학적 이론에 연구가 잘 축적되어 있어 약물치료 외에도 신경조절 치료 등 다방면의 치료가 다양하게 적용되거나 연구되고 있다. 더 나아가서 뇌심부 자극술뿐 아니라 광유전학HH Yoon, Stereotact Funct Neurosurg, 2016 등을 이용한 치료방법 등 다양한 신경조절치료 방법이 동물연구 수준으로 연구되고 있다.

또한 줄기 세포를 이용한 신경재생 치료가 진행중인데, 국내 연구진에 의해 자가유래 중간엽 줄기세포를 이용한 이중 맹검 임상연구에서 난치성 파킨슨 질환에서 중간엽 줄기세포의 신경보효 효과가 규명되기도 했다.●●

신경이 퇴행하면서 나타나는 여러 가지 감정과 관련되는, 쉽게 말하면 감정이지만 신경정신이상Neuropsychiatric disorder으로 지칭되는 강박, 우울증, 조현병(정신분열증), 뚜렛증후군 등의 질환도 치료대상이 되거나 신경연구와 관련한 치료법을 이해하고 적용하고 있는 상태이며 매우 다양한 분야의 연구자와 임상가가 관심 갖고 있는 분야다.

이중에서 정신행동장애로 대표적인 우울증은 현존하는 효과적인 치료 방법이 제한적인데 반해 직장, 집, 학교 등 일상생활 속에서 유병률

● Lee JI, J Mov Disord, 2015
●● Lee PH, Ann Neurol 2012

(세계보건기구에 따르면 전 세계적으로 3억 5,000만 명이 우울증을 앓고 있다고 함)이 높기 때문에 사회적, 국가적인 관심이 높아지고 있다. 또한 우울증은 심혈관 질환 같은 육체적 질병의 위험 요소다. 우울증은 지역사회와 임상에서 볼 수 있는 가장 흔한 정신장애 중 하나로, 사회적 기능의 장애를 초래할 뿐만 아니라 자살 등의 사회적 문제까지 동반하는 만성적이고 재발이 흔한 질환이라고 알려져 있다.

국내에서 우울증으로 병원을 찾은 환자의 수는 2016년 64만 명으로 전년보다 7% 증가했다. 이에 따른 진료비 증가도 4년 전에 비해 23.4% 증가했다(보건복지부, 정신질환실태조사, 2016). 주요 우울장애 치료제 시장이 2015년 32억 달러(약 3조 6,300억 원)에서 2025년 58억 달러(약 6조 5,700억 원)까지 늘어날 것으로 보인다. 현재 활용 가능한 항우울제제는 모노아민계 신경조절 약물이 대부분이며 삼환계 항우울제 TriCyclic Antidepressant, TCA, 세로토닌 재흡수 억제제 Selective Serotonin Reuptake Inhibitors, SSRI, 세로토닌 노르에피네프린 재흡수 억제제 Serotonin-Norepinephrine Reuptake Inhibitors, SNRI 등이 많이 이용된다.

한국인은 세계에서 가장 자살률이 높고 우울증의 유병률도 높은 불명예를 안고 있고, 청소년 자살과 노년기의 우울증 등으로 사회적, 경제적 비용이 증가하고 있다. 이러한 청소년의 자살 예방과 노년기의 우울증 완화를 위해서는 우울증에 영향을 미치는 유전적 환경적 요인들의 규명과 함께, 국가적인 차원에서 임상연구에 대한 지원을 아끼지 말아야 할 것이다. 이를 위해, 질병관리본부에서는 한국인 유전체 역학조사 사업과 국민건강영양조사 사업에서 우울증과 관련된 설문을 수집하고

있으며, 향후 한국인의 우울증에 미치는 환경적인 요인과 유전적인 요인에 대한 연구를 진행하고 있다.●

그 외에도 다양한 신경계 질환이 있다. 디멘치아Dementia는 기억력 장애의 일종이며, 알츠하이머병과는 다르게 인지 기능이 감소하는 퇴행성 질환을 지칭한다. 또한 환자가 움직일 때 불편함을 느낄 때 나타나는 조절장애, 그것보다 심한 형태로 나타나는 디스토니아Dystonia가 있다.

신경계 질환의 다양한 치료법

이미 알츠하이머병이나 파킨슨병에서 언급했지만 다양한 퇴행성 뇌질환을 치료하는 방법 중에 이미 보편화된 것은 약물을 이용하여 생화학적, 약리학적 조작을 이루어 신경회로 및 전달 물질에 변화를 일으켜 환자의 기능적 이상을 보완하는 치료가 가장 원초적인 방법이며, 이런 치료의 부작용이나 효과의 제한을 극복하기 위해 선택적으로 신경회로를 타깃으로 회로를 차단하거나 파괴하여 자극이나 억제를 달성할 수 있도록 하는 개념의 신경조절치료를 시도하게 되었으며, 점차 기술의 발전에 따라 이에 대한 다양한 연구와 치료법이 도입되고 있다.

이러한 치료는 기술적 측면 등을 파괴적 조절치료부터 다양한 가역적 조절치료를 통칭하고 있는데, 지금까지는 한번 시행하면 새로운 변화된 치료를 적용하지 못하는 단점이 있다. 전기를 이용한 신경조절치

● KW Hong, KCDC, 2012

료가 신경자극치료라는 이름으로 적용되고는 있으나, 이 또한 발전을 위한 배터리 삽입, 시간이 지나면 신경계와 전극 간의 저항성 증가가 나타나는 점 등 여러 단점이 있어 이를 극복하기 위해 노력 중이다.

이와 같은 조절치료는 최근에는 빛 에너지로 신경회로에 영향을 주는 것이 시도되고 있는데, 단순하게 하나의 에너지원이 아니라 여러 가지 색을 사용하여 치료에 적용하고 있다. 이러한 방법은 단시간 다양한 반응을 유도할 수 있어 신경회로나 세포 또는 신경핵에 전기적 전압이 변화하면서 신호들이 왔다갔다하는 형식이 가능하므로 유전자 수준 또는 신경회로 수준의 통제와 조절이 가능해서 매우 획기적인 것으로 보고되고 있다.

작게 보면 분자단위, 세포단위 세포들 간의 반응으로 회로가 만들어지고, 이런 것들이 에너지를 주어 변화를 유도함으로써 우리가 원하는 결과인 치료를 할 수 있다는 개념이다. 이러한 신경조절치료는 전기, 자기, 열, 기계적 방법의 에너지원 중에서 전기전달에 변화를 주어 신호변화를 유도하는 형태로 신경 모듈레이션Modulation이라고도 부른다.

이런 접근은 개념을 가지고 접근해야 하며 몇 가지 프로세스가 필요한데, 신경조절이 가능한 에너지원을 전달하는 디바이스가 신경회로 자극을 위해 생체 내에 들어가서 에너지를 통해 신경전달에 무언가 영향을 주어야 하는데, 크게 보면 이런 질환들이 대부분 기억이나 감각인지 형태와 일부 운동장애로 나타나기 때문에 일정 환자에게 나타나는 증상이나 치료를 위한 방향성이 필요하고, 치료의 방향 및 조절, 목표에 대하여 관심을 가져야 한다.

최근에 보고되는 연구에 따르면, 동물실험 수준에서 전기적 자극이나 빛에 반응하는 채널들이 순기능, 역기능 나타나는 것을 이용하여, 신경계 질환의 획기적 치료 결과를 얻었다는 보고(그림 3)가 있다. 특히 실시간의 빛을 이용한 활성화 또는 억제에 맞추어서 단백질이 다르게 형성되는 현상을 쥐에서 구현 가능하며, 파킨슨병을 유발시킨 후 단백질을 삽입하기 위하여 바이러스에 심어서 넣어주고 채널을 가진 쥐를 만들고 광소스를 심어주는 방법으로 광자극을 통한 파킨슨병의 치료가 실험적으로 연구되고 있다.

실제 진행된 국내 연구자의 연구에 따르면, 파킨슨 동물 모델의 특징 중의 하나는 정상적으로 움직이는 속도에 반응하지 못하고, 파킨슨병을 가진 쥐가 잘 움직이지 못하여, 광자극을 위한 불을 켜지 않았을 때, 트레드밀Treadmill에서 미끄러지는 것을 버티려고만 하며 스텝이 6번 밖에 나오지 않으며, 광자극을 위한 불을 켜서 자극을 주어 반응을 유도하였을 때, 불을 켜면 자극을 주고 반응을 시키고 쥐를 시험하면 쥐의 움

그림 3. 광자극을 이용하여 신경세포 조절이 유도되는 현상의 모식도

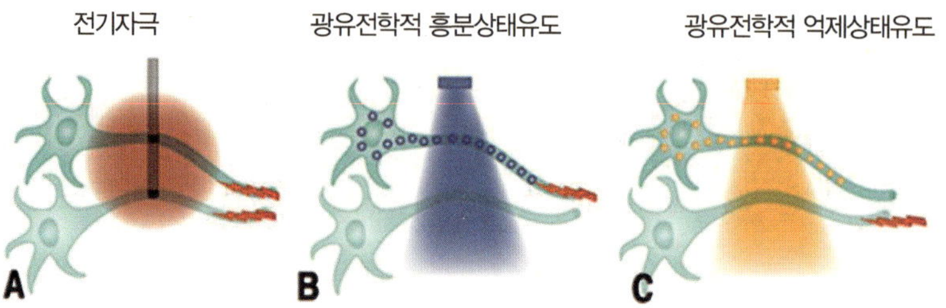

광유전학의 원리에 대한 얼개를 그린 모식도로 전기 자극에 의한 반응(A)과 달리 청색 빛에 의하여 자극되어 활성을 띠거나(B), 황색 빛에 의하여 억제되는 현상(C)을 칼 디세로스(Karl Disseroth)가 〈Nature Methods〉(2011)에 소개하였다.

직임이 정상화되어 스텝이 33번이 되어 일정하게 움직인다고 한다(그림 4). 파킨슨병의 움직임이 되지 않은 것에 대한 실시간에 적용 가능한 치료로 광유전학Optogenetics을 이용하면 전기신호보다 빠르고 세밀한 조정이 신경회로와 세포단위까지 적용 가능할 것으로 판단된다.

이런 쪽에 관심과 연구를 진행하고 있는 '다기관 뇌신경회로 연구 및 조절치료 연구단'은 처음에는 뇌신경 질환에 관련된 기초, 중계, 임상

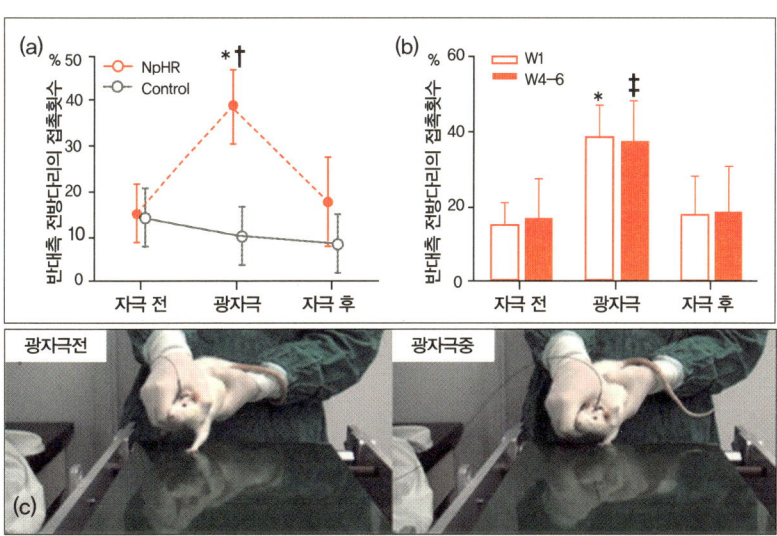

그림 4. 광자극을 시행하여 파킨슨 동물모델 쥐가 자극 전(a)와 자극 중(b) 보행 개선에 변화를 보이는 실험결과

* 출처 : Yoon HH, Jeon SR, Neurosurgery, 2014

'다기관 뇌신경회로 연구 및 조절치료 연구단'에서 수행한 광유전학 방법을 이용한 시상하핵(Subthalamic nucleus)의 비활성화로 인해 전방하지의 무운동증이 유발된 쥐 모델에서 광자극 전후로 증상의 변화가 유도되는 연구 결과임. 보행검사를 시행한 결과로 광자극 이전과 광자극 후 전방하지의 운동 능력이 호전되는 양상을 보이기 위해 쥐가 바닥의 트레드밀에 전방하지가 몇 번 접촉하는지를 분석한 자료(A)와 1주, 4주, 6주까지 본 호전 상태가 지속적으로 자극을 주었을 때 효과적으로 광자극에 반응하는 것을 보이는 자료(B). 이 연구를 시행한 사진으로 광자극 전(좌측)과 광자극 중(우측) 모습

연구를 할 수 있는 연구자로 구성되어 퇴행성 신경성 질환, 운동, 정서 및 행동장애 등 각자의 관심 분야에 세포, 전임상, 임상연구를 진행하고 있다. 이 연구단은 여러 연구기관(아산병원, 광주과학기술원, 분당 서울대학교병원, 전남대학교 생물학과/의학과, 생명공학연구원, 국군수도병원)의 신경조절치료에 관심이 있는 다양한 전문 분야의 연구자들이 모여 연구를 하고 있다. 기초부터 임상까지 과학적 근거를 기반으로 환자에게 도움이 될 수 있도록 원리 및 과학기반 근거 연구, 동물연구와 환자에게 적용 가능한 임상치료 전단계 연구, 퇴행성 뇌 질환 치료 근거를 만들고 과학적 임상 정보를 수집하는 임상연구를 각각 진행하며, 기초 실험실 마이크로 영역 네트워크를 분석하고, 메조와 매크로 영역으로 확대하여 전임상연구에게 중개되어 실제 임상에 적용하려고 연구 사업 참여 및 공동 연구를 진행하고 있다.

특히 본 연구단에서 광유전자를 이용하여 파킨슨 쥐 모델에 삽입된 광유전자에 직접 광자극을 주어 정상적 보행을 유도할 수 있다는 연구 결과를 보이는 등 다양한 광유전자 치료법을 활용한 신경조절치료에 대한 연구를 진행하고, 중증 우울증 동물 모델에 적용하고자 하는 계획을 수립하고 진행하는 등의 다양한 뇌 질환에 연구를 실제로 적용하고 있다.

우리 연구단의 연구는 향후 과학적 근거기반의 연구를 통해 적절한 난치성 뇌 질환의 치료법을 개발하고 치료에 적용될 수 있을 것으로 기대하고 있다. 최근 치료방법은 기존의 치료 방법을 극복하기 위한 여러 새로운 기술과 내용에 집중되고 있으며, 특히 본 연구단은 광유전학에 관심을 가지고 운동장애, 인지장애 및 정서장애 치료와 관련하여 세포 수준 유전자 및 단백 발현에 영향을 주어 신경회로를 통제하여 좋아지는 것을 기대할 수 있게 하는 것으로 매우 실시간으로 적합한 내용의 연구 결과를 도출하여, 임상에 적용할 만한 우수한 결과를 낼 것으로 기대된다.

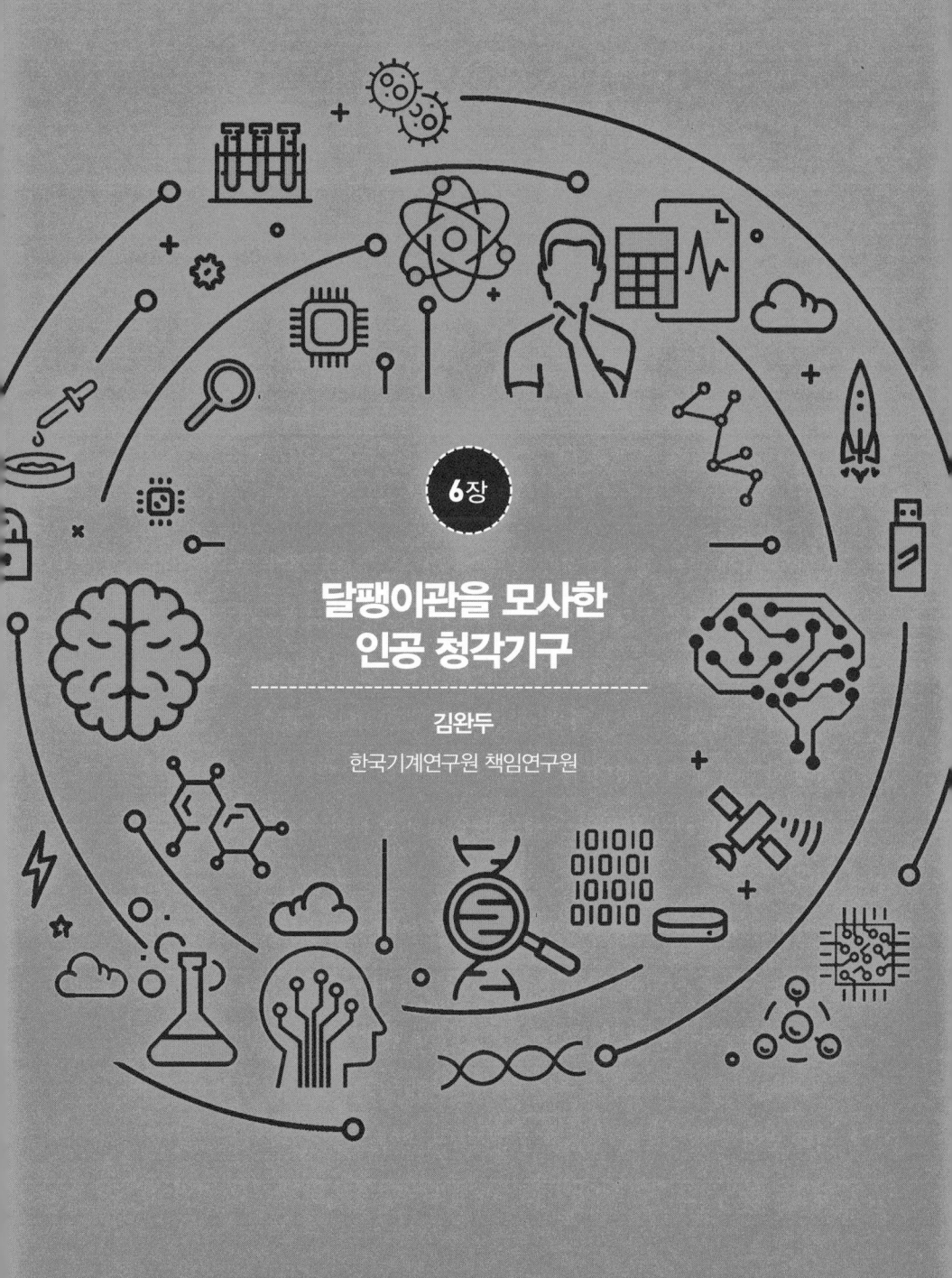

6장

달팽이관을 모사한 인공 청각기구

김완두

한국기계연구원 책임연구원

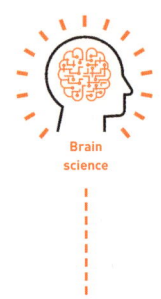

사람의 뇌가 하는 중요한 기능 가운데 하나는 시각, 청각, 촉각, 미각, 후각 같은 오감을 느끼는 것이다. 사람의 오감은 사실 눈, 귀, 피부, 코, 입 등 감각기관에서 직접 느끼는 것이 아니고 감각기관에서 생성된 여러 종류의 생체전기 신호가 뇌에 전달될 때 인지하게 된다. 즉, 감각기관에 아무런 문제가 없더라도 뇌의 각 감각기관을 담당하는 부위에 생체신호가 전달되지 않거나 뇌세포가 인지하지 못하면 감각을 느낄 수 없다.

이번 장에서는 오감 중에서 소리를 감지하는 메커니즘을 살펴보고, 청력에 손상을 입었을 때 사용할 수 있는 여러 종류의 청각 보조기기 중에서 달팽이관을 모사한 인공 청각기구에 대해 알아보려고 한다.

달팽이관을 모사한 인공 청각기구는 살아 있는 생명체로부터 아이디어를 얻어 공학적으로 응용하는 생체모방공학 Biomimetics 또는 Biomimicry의 한 범주로 볼 수 있으며, 살아 있는 생명체에 국한되지 않고 모든 자연 생태계로부터 영감을 얻어 인류의 난제를 해결하려는 자연모사기술Nature-inspired technology의 한 영역으로 볼 수 있다. 자연모사기술은 '자연 생태계의 기본 구조, 원리 및 메커니즘에서 영감을 얻어 공학적으로 응용하여, 에너지·자원·환경 등 인류의 난제를 해결하고 고부가가치 미래 신시장 창출을 가능하게 하는 혁신적인 융합기술'로 정의할 수 있다.

자연모사기술은 현존하는 공학 기술의 개선 혹은 더 나아가 새롭고 혁신적인 기술의 개발을 자연으로부터 배워서 문제 해결 방식을 찾는 다학제 간의 융합 기술로써 자연을 이용하고 소비하는 데 중점을 둔 기존 기술에 비하여 현재 인류가 직면한 에너지 고갈, 환경오염, 생물 멸종, 물 부족, 전 지구적 인류의 기아 등의 문제를 해결하고자 하는 지속가능 지향 미래기술이다. 자연모사 혁신기술의 구체적인 역할은 에너지 소비 감소, 환경오염 최소화 및 정화, 자연과 인간의 공존, 그리고 안락하고 풍요롭고 편리한 삶을 지향한다.

달팽이관을 모사한 인공 청각기구 개발에 관한 연구는 2006년 과학기술부의 미래유망 융합기술 파이오니어사업의 일환으로 시작된 '나노필러를 이용한 자가 전원 인공 감각계 원천기술'에 대한 탐색 및 기획 연구로 첫발을 내디뎠다. 파이오니어사업은 국내에서 시작된 융합기술의 효시로 알려져 있으며, 융합연구에 대한 큰 관심과 우수한 융합연구 성과를 거두게 된 계기라고 평가받고 있다. 생체청각기구를 모사한 인공 감각계 원천기술개발사업은 2009년부터 2015년까지 6년간 한국기계연구원의 주관으로 수행되었다.

이번 장에서는 사람의 소리전달 과정과 청각기관의 구조를 살펴보고,

생체모사 완전이식형 인공와우 개발 사례와 청성뇌간이식술에 대해서 소개하고자 한다.

우리가 소리를 듣는 과정

외이와 중이

인간의 청각기관은 귓바퀴에서 소리를 모아 외이도를 통해 고막을 진동시키는 외이, 고막의 진동을 증폭시켜 달팽이관을 울려주는 이소골(중이), 그리고 소리를 적절히 구분하여 청신경에 전달해주는 달팽이관(와우)의 내이로 구성되어 있다. 달팽이관 내에는 기저막 Basilar membrane이라는 얇은 막이 소리의 진동수에 따라 반응하는 위치가 바뀌어 고음과 저음을 구분하고, 머리카락의 수천 분의 일의 굵기인 부동섬모 Stereocilia의 흔들림에 따라 청신경을 자극하는 신호가 발생한다. 인간의 청각 능력은 현재 개발되어 있는 어떠한 음향 센서나 진동 센서보다도 좋은 성능을 보이고 있다. 인간의 청각기구는 초소형이며 넓은 영역의 신호를 고감도로 감지할 수 있으며, 고효율의 최적화된 구조를 가지고 있다고 할 수 있다.

고막과 달팽이관 사이에는 3개의 뼈, 즉 망치뼈(추골), 모루뼈(침골), 등자뼈(등골)로 이루어진 중이가 있으며, 이 중이는 공기 중의 진동 에너지를 체액으로 채워진 달팽이관 속의 기저막을 진동시키기 위해 음압을 증폭시켜주는 역할을 한다. 고막의 면적은 $55mm^2$, 등자뼈가 연결된 달팽이관 난원창 Oval window의 면적은 $3.2mm^2$으로서, 17배의 차이가 난다.

등자뼈의 움직임은 망치뼈 움직임의 4분의 3으로 힘은 1.3배 정도 커지게 된다. 따라서 난원창에 전달되는 음압은 고막에 전달되는 음압의 약 22배가 된다. 고막과 이소골계는 공기 중의 음파와 달팽이관 내의 액체 사이의 임피던스 정합을 이루어지게 하여 에너지 전달을 극대화한다.

내이

달팽이관 외곽은 딱딱한 뼈 성분으로 되어 있으며, 3개의 튜브가 2와 4분의 3바퀴 꼬여져 있는 형태로서 단면은 전정계_{Scala bestibuli}, 중앙계_{Scala media}, 고실계_{Scala tympany}로 구성되어 있다. 전정계와 중앙계는 전정막_{Reissner 막, Vestibular membrane}으로 구분되어 있으며, 고실계와 중앙계는 2~3만 개의 기저섬유로 이루어진 기저막_{Basilar membrane}으로 구분되어 있다. 전정계와 고실계는 달팽이관 끝에 있는 소공_{Helicotrema}으로 연결되어 있다. 기저섬유는 난원창에서 소공 쪽으로 갈수록 약 0.04~0.5mm로 점점 길어지지만, 굵기는 감소하여, 전체적으로 강성이 100배 이상 감소한다. 난원창 근처의 기저섬유는 고주파에 잘 공명되며, 소공 쪽에서는 길고 유연한 기저섬유가 있어 저주파에 잘 공명된다.

코르티_{Corti}기관은 기저막의 표면에 놓여 있으며, 기저막의 진동에 반응하여 청각신호를 발생시키는 청각 수용기인 유모세포_{Hair cell}로 구성되어 있다. 내측_{Inner} 유모세포는 한 줄로 약 3,500개, 직경은 약 12μm이며, 외측_{Outer} 유모세포는 3~4줄로 약 1만 2,000개, 직경은 약 8μm 정도다. 유모세포에서 발생된 청각 신호는 나선신경절_{Spiral ganglion}을 통해 뇌의 중추신경계로 전달되어 비로소 소리를 인지하게 된다. 유모세포

끝에는 부동섬모Stereocilia가 있으며, 덮개막Tectorial membrane에 닿아 있다. 기저막이 진동하면 덮개막과의 사이에 있는 부동섬모가 움직이게 되며, 200~300개의 양이온 전달채널이 열리어 신경전달물질이 분비되어 청각세포를 자극하게 된다.

그림 1. 사람 청각기관의 구조

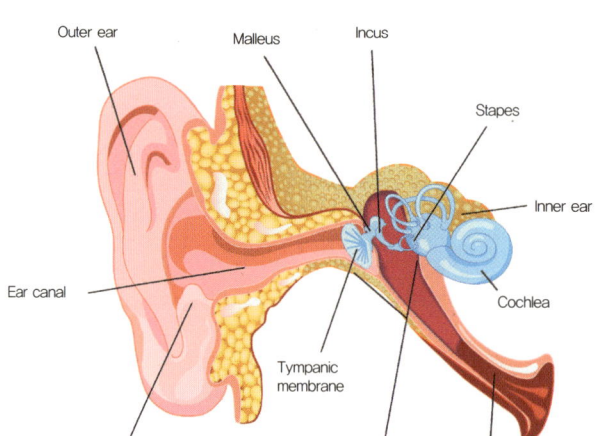

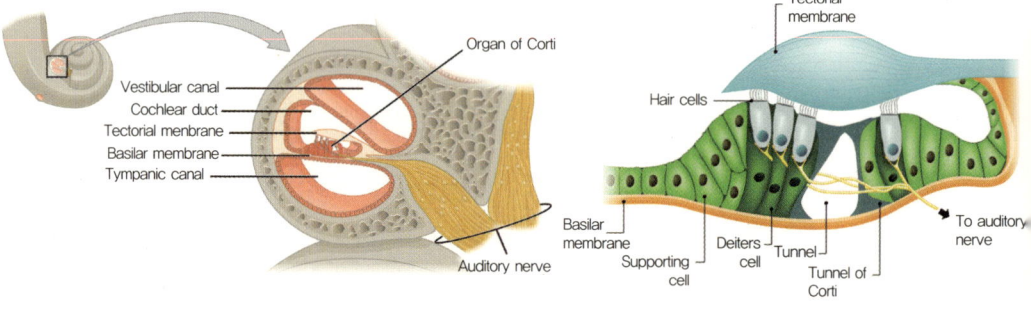

표 1. 귀 구조 명칭

영어	한글	영어	한글
Pinna	귓바퀴	Tympanic membrane	고막
Outer ear	외이	Oval window	난원창
Middle ear	중이	Round window	정원창
Inner ear	내이	Cochlea	달팽이관(와우)
Ear canal	귓구멍	Cochlear duct	달팽이세관
Eustachian tube	유스타키오관	Vestibular canal	전정계
Stapes	등골(등자뼈)	Tympanic canal	고실계
Incus	침골(모루뼈)	Organ of Corti	코르티기관
Malleus	추골(망치뼈)	Tectorial membrane	덮개막
Skull bones	두개골	Sensory neurons	감각신경
Semicircular canals	반고리관	Hair cells	유모세포
Auditory nerve	청신경	Basilar membrane	기저막
Diter's cell	다르테르 세포	Tunnel of Corti	코르티 터널

잃어버린 소리를 찾아주는 보조기기

청각장애의 원인은 선천성, 소음성, 노인성 및 신경성 난청 등으로 구분되며, 대부분 외이보다는 중이나 내이 또는 청각 중추에 병인이 있는 경우가 많다. 중이에 이상이 있는 경우 치료와 보청기를 이용하여 청력을 회복하고 있으며, 내이에 이상이 있는 경우 인공와우(인공달팽이관) 시술을 하게 된다.

인공와우는 소리를 전기적 신호로 바꿔주는 마이크와 이 신호를 코드화해주는 어음처리기, 변환된 코드를 귓속에 전달해주기 위한 송신기와 수신기, 그리고 청신경을 자극하는 전극 등으로 구성되어 있다. 이

그림 2. 청각 보조기기의 종류

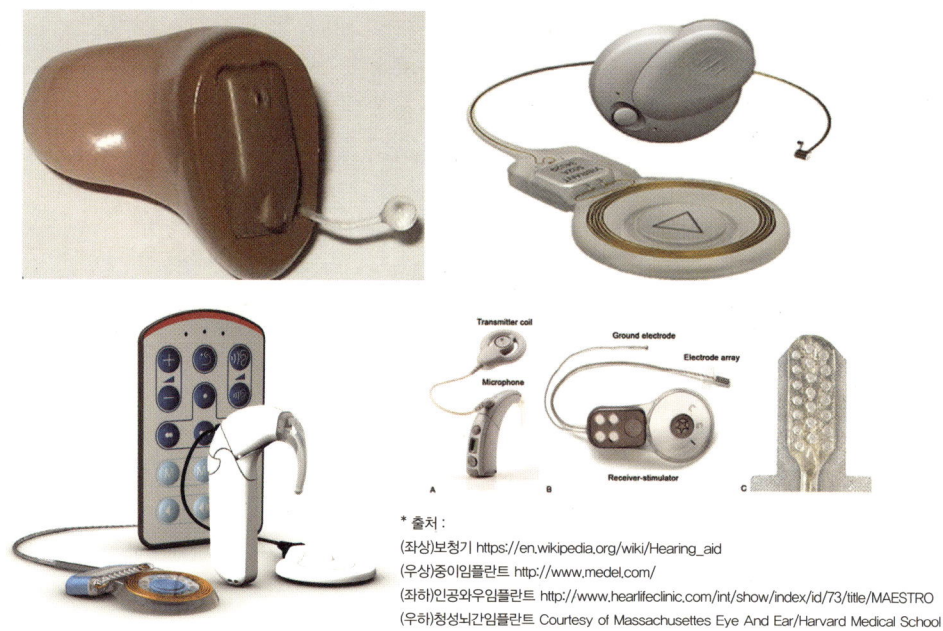

* 출처 :
(좌상)보청기 https://en.wikipedia.org/wiki/Hearing_aid
(우상)중이임플란트 http://www.medel.com/
(좌하)인공와우임플란트 http://www.hearlifeclinic.com/int/show/index/id/73/title/MAESTRO
(우하)청성뇌간임플란트 Courtesy of Massachusettes Eye And Ear/Harvard Medical School

러한 인공와우 장치는 어음처리, 신호의 송수신 및 청신경 자극을 위한 큰 전력이 소모되는 단점이 있다. 또한 어음처리기와 배터리의 휴대, 그리고 측두골에 매식해야 하는 송수신기로 인한 장애 노출 등의 이유로 최근 완전 이식형 인공와우의 개발에 관심이 높아지고 있다.

기존 형식의 인공와우는 미국과 호주 제품이 전 세계 시장의 대부분을 점유하고 있으며, 최근에 국내에서도 국산화 개발에 성공하여 선진국과 동등한 기술 수준에 도달하였다. 인공와우의 최신 기술개발 방향은 마이크 및 음성처리기의 체내 이식과 충전식 배터리 사용을 통한 완전 이식형에 초점이 맞추어져 있다. 그러나 이 기술은 기존 기술의 일부

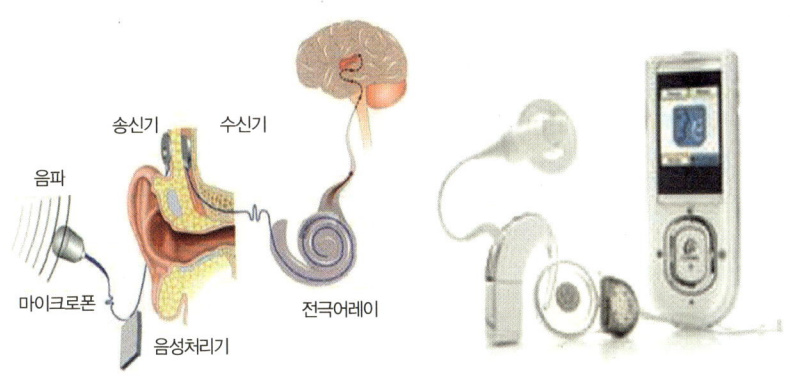

그림 3. 인공와우 시스템

개량에 불과하며, 생체모사를 통한 신개념의 인공와우 기술에 비해 한 단계 뒤처진 기술로 알려져 있다.

그림 2는 청력 손상부위에 따른 보조기구를 보여준다. 보청기는 단순히 소리를 키워주는 역할을 하는 보조기기이며, 중이 임플란트는 중이에 병변이 생겼을 경우 시술하는 방법이다. 인공와우 임플란트는 내이에 손상이 있으나 청세포는 아직 살아 있어 외부 소리를 전기신호로 변환하여 자극해주는 장치다. 청성뇌간 임플란트는 청각세포까지 손상되었을 경우 소리를 감지하는 뇌에 직접 전기신호를 자극하여 소리를 듣게 하는 시술방법이다.

인간을 닮아가는 장치들

사람의 달팽이관 속의 얇은 기저막과 부동섬모를 모사한 신개념의

'생체모사 인공달팽이관'은 장치가 간단하며 귀속에 완전이식이 가능한 기술로써 2007년도에 과학기술부의 미래유망융합기술 파이오니아사업 기획연구를 시작하여 본격적인 연구개발은 2009년도부터 시작되었다.

생체모사 인공기저막은 기저막의 주파수 분리 특성이 공진Resonance 원리에 있음을 이용하여 가청주파수 대역을 모두 포함하면서 동시에 특정 주파수 대역에서 공진하도록 설계된 공진 기저막Resonant Basilar Membrane 또는 튜브형 기저막 등의 개념을 도입하였다. 이러한 인공기저막은 기존의 마이크로폰의 역할과 음성처리기의 역할을 동시에 수행할 뿐만 아니라 완전 무전원으로 동작하는 특징을 갖는다. 기존 인공달팽이관과의 차별성은 차세대 와우 임플란트의 최대 문제인 마이크로폰을 없애고 소비전력이 큰 전자 어음처리기에 사용되는 주파수 분리소자 대신에 기계적인 주파수 분리기인 인공기저막을 사용하는데 있다.

생체모사 완전 이식형 인공달팽이관의 구성은 무전원 인공기저막, 신호 증폭기 및 신호처리장치, 외부에서 무선으로 파워 충전을 위한 유도

그림 4. 생체모사 무전원 인공기저막

 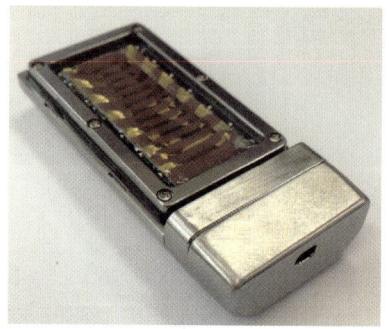

그림 5. 인공기저막의 기계적 주파수 분리특성

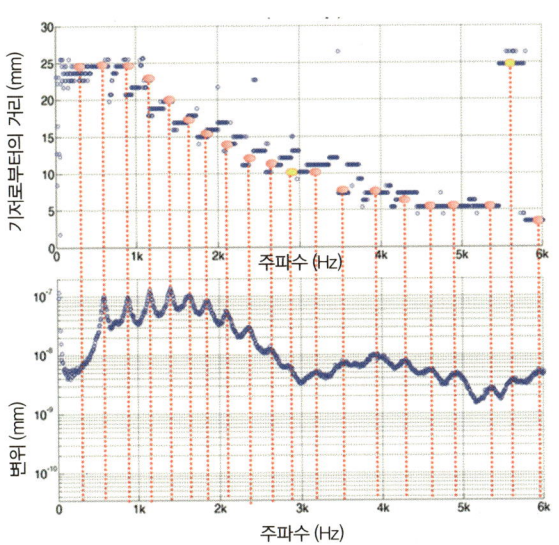

그림 6. 인공기저막의 전기적 주파수 분리특성

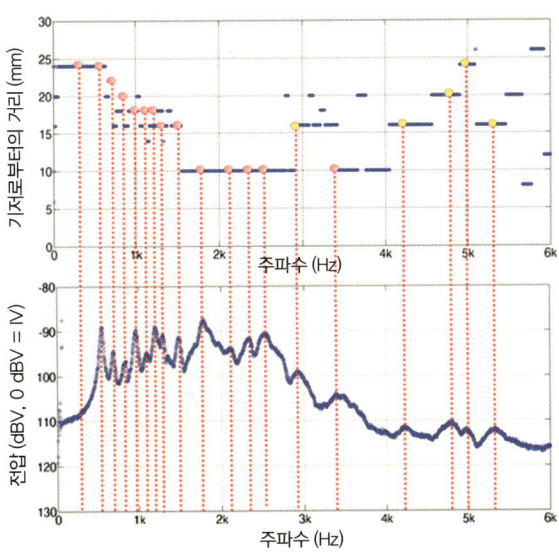

코일 및 충전 배터리로 구성되어 있다. 특정한 주파수를 갖는 음파는 이소골과 연결된 인공기저막 음파 입구부를 통해서 전파되고 유체챔버로 음파가 전파된다. 유체와 접한 인공기저막의 특정 부분이 공진주파수에 의해 공진되며 그 부위의 압전소재가 변형되어 전압 형태의 신호를 발생하며, 이 신호는 증폭되고 신호처리되어 달팽이관 삽입형 전극의 특정 채널을 통해서 흐르고 최종적으로 청신경을 자극하게 된다.

달팽이관 속의 기저막과 부동섬모를 모사하여 인공달팽이관을 개발하려는 시도는 세계 최초이며 이와 관련된 특허는 국내뿐 아니라 인공달팽이관 주요 기술 보유국인 호주를 비롯하여 미국, 일본에 등록되어 있는 기술이다. 생체모사 인공달팽이관은 인공기저막과 압전특성(기계적 자극을 받으면 전기가 발생되는 특성)을 가지는 성질을 사용하여 전원 소모를 극소화하며, 체내에 완전 이식이 가능하도록 한 신개념의 인공달팽이관이다.

기존 연구결과들의 한계를 돌파하고 문제점을 극복하여 완전 이식형이 되기 위해 필요한 두 가지 중요한 요소는 깨끗한 음성정보를 얻는 것과 전력소모를 최소화하여 가능한 한 외부 전원 없이 사용 가능하거나 재충전 배터리의 용량을 최소로 이용하여 오랫동안 사용하는 것이다.

이 연구의 특징으로는 첫째, 음성정보를 체내에서 얻는다는 점이다. 기존의 완전이식 인공와우 기술은 체내에 마이크로폰을 설치했으나 머리 빗는 등의 소리가 증폭되거나 외부소리가 많이 뭉그러져 들리는 단점이 있어 임상적으로 만족스럽지 못하는 문제점이 있다.

둘째, 완전이식 인공와우의 요소는 전류의 소모량이 적어야 한다는 점이다. 기존의 완전 이식형 인공와우는 음성신호의 주파수 분석에 과도한 전력을 소모하였기 때문에 삽입되는 배터리의 용량이 커지고 자주 재충전함으로써 그 수명이 짧아 수년 후 교체해주어야 하는 단점이 있다.

이 연구에서 이용되는 새로운 기술은 자체적으로 기저막의 기계적 특징을 이용하여 전류를 발생시킴으로써 인공와우의 구동에 필요한 전력을 최소화하여 외부 배터리 수명을 증대시켰다. 이러한 2가지 목표에 접근할 수 있는 가장 중요한 단서는 압전나노필라나 압전박막과 같은 물질을 사용하여 인공기저막을 개발하는 데 있다. 이런 물질은 압력과 같은 기계적 에너지를 전기에너지로 바꿀 수 있어 그간 간과되었던 와우의 유모세포와 매우 비슷한 역할을 할 수 있기 때문이다.

생체모사 완전 이식형 인공와우 기술은 달팽이관을 모사한 생체모사 무전원 인공기저막 기술, 부동섬모 기능을 모사한 센서 기술, 체내이식형 전자모듈 기술, 완전 이식형 인공와우 시스템 기술 등의 핵심기술을 통합하여 세계 최초로 생체 청각기구를 모사한 신개념 인공와우 기술을 개발하였다.

생체모사 인공기저막 기술은 세계 최초로 기계적 및 전기적 주파수 분리 기능을 갖는 핵심기술을 개발하고 최종 시제품 제작 및 성능평가를 수행하였으며, 신호처리 전자모듈 기술은 인공기저막의 출력신호에 대응하여 주파수 분리 신호처리가 필요 없고 전류자극 펄스를 생성하는 전류자극기가 모두 집적된 저전력 아날로그/디지털 복합 주문형 반도체 Analog/Digital mixed ASIC 칩 소자를 개발하였다. 또한 생체모사 인공와우 통합시스템 기술은 생체모사 인공와우 핵심요소기술을 통합하여 세계 최초 신개념 인공와우를 제작하였고, 청신경 자극신호 신호 및 동물실험을 통한 전기청뇌간반응eABR 신호를 측정하였다.

다물리 설계/해석 기술, 압전박막 제작 공정 기술, 인공기저막 소자 패키징 기술, 기계적/전기적 주파수 분리 특성 시험 기술 확보를 통해 주요 가청주파수인 0.3~5.0kHz 범위에서 주파수 분리가 가능한 생체모사 무전원 인공기저막 기술을 달성하였다. 생체모사 무전원 인공기저막은 외부 전원 없이 들어오는 진동신호를 주파수별로 분리하여 각기 다른 채널의 전극에서 전기 신호를 형태로 출력하는 소자다.

여러 차례에 걸친 칩 설계 및 제작을 통하여 16채널의 초저전력/저잡음 아날로그 증폭기 모듈, 16채널 전류 자극기, 디지털 컨트롤러, 무선 배터리 충전 모듈, 저전력 아날로그/디지털 변환기ADC, 블루투스 기반 파라미터 수신장치, 다채널 자극 전극을 갖춘 등을 갖춘 체내이식형 전자모듈 시제품이 개발되었다. 이 모듈의 장점은 저전력, 소형화, 무선전

그림 7. 체내 이식 전자모듈 개념도

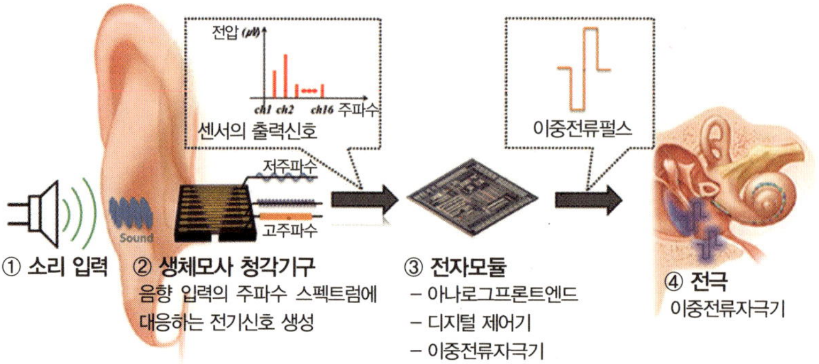

그림 8. 체내이식형 전자모듈 시제품 형상 및 ASIC 칩

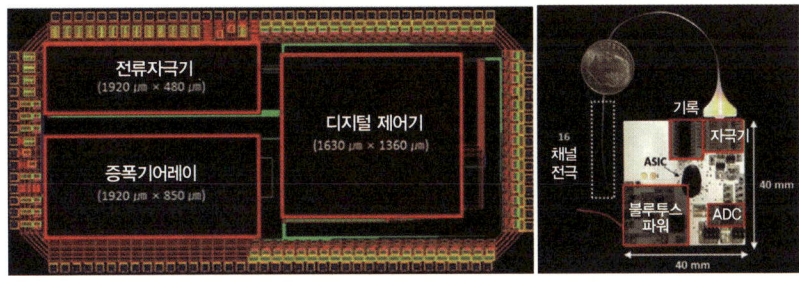

그림 9. 완전 이식형 인공와우 시스템 이식 방법

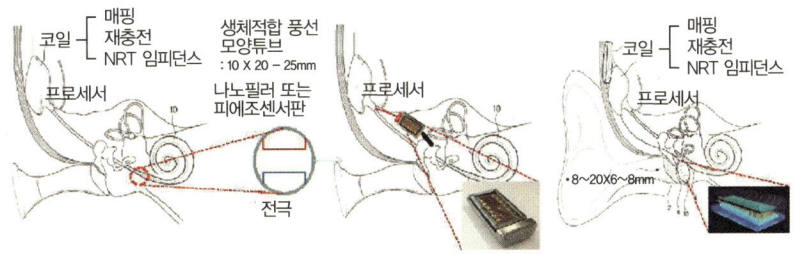

송기술발전, MRI 촬영이 가능하다는 점이 있으며 특히 모듈단위로 개발되어 다른 청각이식기에도 기술을 적용하여 사용하기 용이하다. 개발된 모듈은 생체모사 무전원 인공기저막 시제품과 연동하여 작동 성능을 확인하였다.

생체모사 무전원 인공기저막에 음성에너지를 전달하기 위한 접속기술의 연구와 인공기저막-전자모듈로 구성된 인공와우 시스템 이식기술을 연구하여, 다양한 방식의 완전 이식형 인공와우 시스템 이식 기술을 개발하였다. 개발된 인공기저막, 전자모듈을 연동하여 동물의 청각기관에 적용하여 eABR 신호를 측정하였으며, 사람의 측두골 사체Cadaver에

표 2. 기존 인공와우와 생체모사 인공와우 개발품의 성능비교

	기존 인공와우	생체모사 인공와우
마이크로폰	. 파워소모 : 20mW	
음성처리기	. 파워 소모 : 190mW . 주파수분리 대역 : 0.3~8kHz . 음성처리기법 : C.I.S	〈인공달팽이관 소자〉 . 기계적 주파수분리 수 : 13개 . 전기적 주파수분리 수 : 6개 . 주파수 분리대역 : 0.3~5.0kHz . 파워소모 : 0mW 〈신호처리 전자모듈〉 . 파워소모 : 0.2mW . 음성처리기법 : C.I.S.
데이터 통신기능/ 자극칩	. 파워소모 : 25mW . 자극 방식 : Mono / Bi-polar . 자극 채널 : 22	. 파워소모 : 26mW . 자극 방식 : Mono polar . 자극 파형: Mono/Bi-polar, biphasic current stimulation . 자극 채널: 13(16 채널까지 가능)
자극기 패키징	. Ti/Ceramic	. Liquid Crystal Polymer
이식 형식	. 부분 체내 이식형	. 완전 체내 이식형
전극	. 달팽이관 삽입형 전극	. 달팽이관 삽입형 전극
전원 공급/ 파워 전송 장치	. 충전식 외부 전지 (사용시간: 최대 16시간) . 전체소비전력 : 235mW	. 체내이식 배터리 . 무선전력충전 방식 . 전체소비전력 : 26.2mW(기존 대비 1/9 수준)

그림 10. 생체모사 인공와우 시스템 시작품

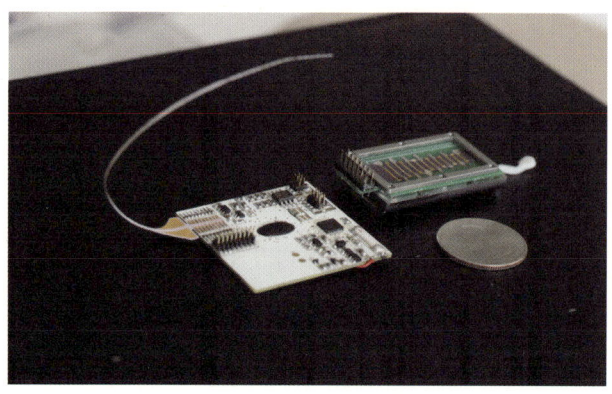

접속기술이 적용된 인공기저막을 이식하는 실험을 진행하여, 이소골의 진동으로 인공기저막 구동신호를 측정하였다.

청성뇌간이식술

보청기, 인공중이이식술, 인공와우 시술 등은 기본적으로 달팽이관 속의 청신경에 문제가 없는 경우 시술하는 방법이다. 그러나 달팽이관 속의 청신경에 문제가 생긴 감각신경성 난청환자의 경우는 이러한 시술 방법으로는 청력 회복이 불가능하다. 뇌간의 와우신경을 직접 자극하여 환자로 하여금 소리를 인지할 수 있게 해주는 시술이 바로 청성뇌간이식술 Auditory brainstem implant 이다.

난청의 분류는 난청을 초래하는 병변의 부위에 따라 전음성, 감각신경성, 혼합성, 중추성, 기능성 난청으로 구분되지만 임상적 병변의 위치를 정확하게 판정하기 어려운 경우가 많기 때문에 내이, 청신경 및 중추

표 3. 청력 검사 결과의 난청 범위

청력	난청범위
정상 범위	10~26dB
경도 난청	26~40dB
중등도 난청	41~55dB
중등고도 난청	56~70dB
고도 난청	71~90dB
농(청각장애인)	90dB 이상

* 출처 : http://www.chamc.co.kr/health/dictionary

의 병변에 의한 것을 감응성 난청이라고 하고 이를 광의의 감각신경성 난청과 동일하게 부르기도 한다.

감각신경성 난청의 특성

감각신경성 난청은 중추성 병변과 정확한 감별이 어려워 정확한 본질의 규명이 어렵지만, 외인적 또는 내인적 원인이 있다. 청력 손실의 원인으로 내이 또는 대뇌 중추에 있는 형태의 청력 손실 및 제7뇌신경, 제8뇌신경의 손상 등을 들 수 있다. 제7뇌신경 및 제8뇌신경의 와우 신경 손상과 관련된 대표적 질환으로 청신경 종양, 제2형 신경섬유종증 질환 등이 있다. 돌발성 감각신경성 난청은 3일 이내에 갑작스런 감각신경성 청력 손실이 일어나는 것으로 전 세계적으로 해마다 1만 5,000명 정도의 환자가 발생하며, 50~60대 사이에 많이 발생한다.

감각신경성 난청 요인

청신경종양

청신경종양 Acoustic tumor 은 주로 전정신경에서 발생하는 양성종양으로 소뇌 교각에 발생하는 종양 중 약 90%를 차지한다. 암과 같은 악성 종양은 아니지만 뇌와 청신경을 누르면 심한 신경증상을 유발할 수 있다. 한쪽만 생기는 경우가 대부분이나 양쪽 모두 나타나는 경우도 있으며 수술로 제거할 수 있다.

주요 증상은 진행성 난청, 이명, 귀의 통증 및 두통, 어지럼증이 있다. 청신경 종양은 임상적으로 진단되는 경우는 약 10만 명당 1명 정도로 보고되고 있으며, 내이 및 소뇌교각에 발생하여 청신경 및 안면신경을 비롯한 뇌신경의 기능에 심각한 영향을 끼침으로서 조기 발견에 관심이 높아지고 있다.

제2형 신경섬유종증

신경섬유종증 Neurofibromatosis 은 상염색체 우성 유전 질환으로 중추신경계, 말초신경계뿐 아니라 피부, 뼈, 내분비계, 소화기계, 혈관계 등을 침범하는 등 임상 양상이 다양한 것으로 알려져 있다. 보통 임상 양상에 따라 제1형과 제2형으로 분류하는데, 제1형은 중추와 말초 신경계에 다발성의 종양이 발생하며 피부의 색소 침착, 혈관계와 내장기관의 병변을 동반하는 특징이 있다. 제2형은 우성 유전을 하는 드문 유전적 질환으로, 흔히 악성의 경과를 보이는 경우가 많으며 제7뇌신경, 제8뇌신경 장애의 발생을 특징으로 한다.

주요 증상은 청력 손실, 소뇌 기능 장애, 안면신경 마비, 시력 장애 등이다. 제2형 신경섬유종증의 유병률은 2만 5,000명의 출생아 중 1명에서 발병하며, 전체 신경섬유종증의 10%를 차지하는 것으로 제1형 신경섬유종증에 비해 발생빈도가 낮은 것으로 보고되고 있다.

청력 진단 검사

감각신경성 난청 진단을 위해 순음 청력검사, 어음 청력검사, 임피던스 청력검사 등은 가장 기본적인 검사 방법이며, 난청의 감별진단, 사회 적응 능력, 보청기 사용의 지침, 청력 증진수술의 적용 등을 알기 위해 실시된다.

순음 청력검사는 전음성 난청과 감각신경성 난청을 감별하는데 필수적일 뿐 아니라 난청의 정도와 경과를 관찰하는데 가장 기본적인 검사이며, 감각신경성 난청에서 주파수에 따른 청력도의 양상은 난청의 원인에 대한 단서를 제공해준다.

어음 청력검사는 언어 청취능력을 검사하며, 감각신경성 난청의 병변 부위를 짐작할 수 있고, 보청기 적용 가능성과 적용 후 언어 능력의 향상 정도를 알 수 있게 해준다.

이 밖의 검사는 감각 신경성 난청이 미로성인지 후미로성인지를 감별하는데 도움을 주는 임피던스 검사, 유소아와 정신지체자 등 청력 측정이 불가능한 경우 시행하는 뇌간 유발 반응검사, 이독성 약물, 소음성 난청, 이명, 메니에르 병 등 와우 손상을 관찰하기 위한 일과성 유발 이음향 방사 Transient evoked oto-acoustic emissions 와 변조 이음향 방사 등이 있다.

청성뇌간이식 시술

청성뇌간 시술 방법은 1979년 미국의 하우스 인스티튜트에서 신경섬

그림 11. 인공와우와 청성뇌간이식술과의 차이

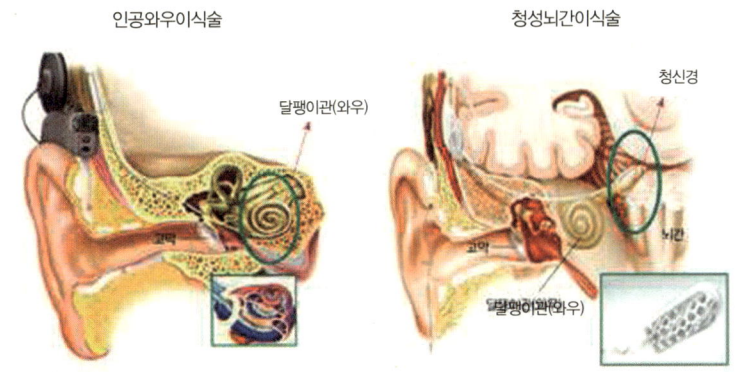

인공와우이식술: 전극을 와우 안에 삽입한다. 전극이 와우의 유모세포를 자극한다.
청성뇌간이식술(ABI): 전극을 와우 핵뇌신경핵에 직접 삽입한다. 와우나 청각신경에 문제가 환자도 수술이 가능하다.

* 출처 : http://blog.iseverance.com/sev/2116

    유종증 제2형 환자에게 처음 시행되었으며, 인공와우로 청력 회복이 불가능한 와우신경 이상 환자, 내이도 협착증 환자 등에 확대되어 시행되고 있다. 청성뇌간이식술에 사용되는 전극을 포함한 디바이스는 오스트리아 회사 MED-EL에서 제조되는 장치가 2008년에 국내 식약처 허가를 취득했다.

  시술 원리는 뇌간에 수신기와 금속 자극기를 삽입한 후 귀 뒤에 소리 신호처리기를 부착하여 외부에서 전달된 소리가 전선을 통해 송신용 안테나로 보내지고, 뇌에 이식된 자극기는 안테나로부터 소리 신호를 수신하여 뇌간을 자극해 소리로 인식하게 하게 된다.

인간다운 삶을 위하여

국내 인공와우 이식 대상 환자 중 상당수는 기존의 인공와우 이식을 할 경우 장애를 외부로 드러내 보이는 체외장치부를 착용해야 하는 점과 일정 기간 후에는 재수술이 필요하다는 사실에 부담을 느껴 시술을 포기하고 있다. 특히 선천적 청각장애가 있는 아이를 둔 부모들은 완전 이식형 인공와우 개발을 지금도 고대하고 있는 상황이다.

완전 이식형이 되기 위한 2가지 주요 요소는 깨끗한 음성정보를 얻는 것과 전력소모를 최소화하는데 있으며, 생체모사 인공기저막 기술, 체내이식형 전자모듈 기술 및 완전 이식형 인공와우 시스템 기술은 이를 가능하게 해줄 수 있는 원천기술이다. 이 기술들은 단기간에 관련 시장에 바로 큰 영향을 미치기는 힘들겠지만 중장기적으로 기존의 인공와우 시장을 크게 확대시킬 수 있는 완전 이식형 인공와우 시스템 제품 개발로 이어질 것으로 기대된다.

의료용 기기의 특성상 제품개발 결과가 실제 임상실험과 환자에게 적용되기까지 기존 연구기간 및 비용 이상의 추가 자원이 소요될 것이나 성공적인 제품 개발 및 시장으로의 진입은 경제적 측면뿐 아니라 국민의 삶의 질 향상이라는 사회, 문화적 측면에 큰 영향을 줄 것으로 예상된다.

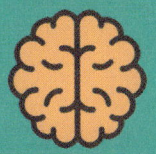

3부

뇌를 만들기

뇌는 어떻게 기능하는가?

사람의 뇌는 입력신호에서 특징을 추출하는 기능이 기능별로 분산되어 있으며 입력 정보와 저장된 정보 비교는 추출된 특징과 저장된 특징을 비교하고 학습된 선택을 한다.

뇌는 입력신호와 그 신호에서 정보를 추출하고 기존 정보와 비교하고 저장하며 운동명령을 내려 운동 출력신호를 만드는 시스템이다. 뇌 시스템은 세포 수준, 시냅스 수준, 전기회로 수준, 기능 수준, 행동 수준으로 계층적인 구성을 하며 수준별로 모델을 만들어 입력신호를 받아들여 뇌 기능을 모사하고 출력신호를 만든다.

외부에서 입력되는 감각신호는 감각기관을 거치며 신경신호로 바뀌어 전달되어 그 감각에 이미 할당된 뇌의 구조에 보내지고 입력 신경신호에서 뇌가 인식하는 정보로 변형되고 이 정보는 이전에 저장된 정보와 비교하여 추론, 예측, 판단하여 운동명령을 만들어 운동신호로 운동기관을 움직인다.

사람의 인지 능력인 분석과 판단을 대체하는 인공지능은 입력신호에서 대표하는 특징(대표하는 상징)을 추출하고 선택된 특징들을 기반으로 저장된 특징과 비교하여 가장 가까운 값을 선택한다. 입력신호에 따라 특징의 종류가 다르며 학습 정도에 따라 저장된 특징 용량이 다르다.

사람이 만드는 뇌 세포 수준 모델은 시냅스 연결 생성 과정과 이온 전기신호 생성 과정이 포함된다. 뇌 시냅스 수준 모델은 신경전달물질, 시냅스 연결 세기, 연결정보가 포함되어 구현된다. 회로수준 모델은 뇌 구조에 대응하는 연결정보와 입력신호에 따른 출력신호가 만들어지는 기능 연결 정보를 사용하여 전기회로로 나타낸다. 뇌 기능 수준 모델은 입력신호에 의하여 만들어지는 출력신호로부터 연결된 기능의 순차적 또는 동시 다발적 동작을 표현한다. 행동 수준 모델은 연속된 입력신호에 따른 연속된 출력신호를 구현하게 한다.

　세포 수준, 시냅스 수준, 전기회로 수준, 기능 수준, 행동 수준 뇌 시스템은 수준별로 하려는 목적이 다르다. 세포 수준은 세포 단위의 기억생성과 소멸과 연결 강약을 포함하여 부분적 뇌 기능을 세밀하게 구현하여 뇌 발생과 소멸을 볼 수 있다. 시냅스 수준은 신경세포 연결변화에 따른 뇌 기능 변화를 예측하는 뇌 질환 모델에 사용된다. 전기회로 수준은 전기신호 전달 특성부터 뇌파 생성과 전자부품 모델을 사용하여 빠르고 정확한 모델을 만든다. 기능 수준은 구조, 연결, 기능을 통합하여 세밀한 뇌 기능을 구현하며 의학, 공학, 심리학 분야에서 활용한다. 행동 수준은 인간 행동을 예측하는 목적으로도 사용된다.

　지금까지 만들어진 컴퓨터는 중앙처리장치인 CPU나 병렬처리 기능이 강화된 GPU와 입력값과 출력값을 저장하는 하드웨어인 메모리가 분리되어 있다. 정해진 순서에 따라 반복적인 사칙 연산을 빠르게 수행하고 그 입력값, 중간값과 결과값을 별도의 하드웨어인 메모리에 저장한다. 하지만 사람 뇌는 기능별로 특별한 계산을 하고 계산된 값을 기능별로 저장한 값과 비교하기 때문에 뇌 모델의 구현은 계산기능과 기억 기능이 결합되고 입력신호별로 결합한 계산과 기억 기능이 분리되어야 한다.

　발달한 전자회로 설계와 제작기술을 이용하여 입력신호로 연결하고 학습된 기억과 비교, 분류 그리고 판단하는 하드웨어를 제작하여 뇌 회로 기능을 구현한다. 뇌 기능을 모사한 하드웨어에 많은 입력신호를 이용·학습하여 손으로 쓴 숫자의 인식도 가능케 한다.

7장

메모리 소자를 이용한 뉴로모픽 컴퓨팅

이종호

서울대학교 교수

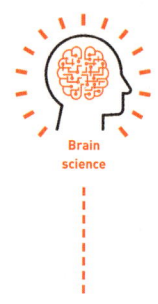

2016년 3월 알파고(AlphaGo, 구글 딥마인드가 개발한 인공지능 바둑 프로그램)가 세계 최상위 수준급의 프로기사인 이세돌 9단과 5번기 공개 대국에서 대부분의 예상과 달리 4승 1패로 승리함으로써 세상을 놀라게 했고 인공지능의 가능성을 깨닫는 계기를 마련했다. 인공지능은 사물인터넷(Internet of Things, IoT), 빅데이터, 로봇 등으로 대변되는 4차 산업혁명의 핵심으로, 이 분야 기술 수준이 국가 산업기술의 경쟁력으로 이어지는 매우 중요한 기술이다. 알파고의 출현으로 국민적 관심사가 인공지능에 집중되었고 이에 따라 딥러닝(Deep Learning, 다단계 뉴럴 네트워크를 이용하여 아주 복잡한 인지를 가능하게 하는 알고리즘이고 기계학습의 일종) 형태의 소프트웨어 인공지능 연구개발 및 인력양성에 관심이 높아지고 있다. 참고로 소프트웨어 인공지능은 엄청난 계산력을 가진 슈퍼컴이 필요하다. 일례로 알파고를 위한 슈퍼컴은 CPU(중앙처리장치로 컴퓨터 시스템 전체를 제어하는 장치) 1,202개, GPU(그래픽 처리 장치로 딥러닝에서 필요한 행렬 계산에 전문화된 장치) 176개로 구성

그림 1. 딥러닝 연산을 위한 TPU 기판 및 이를 이용한 연산장치

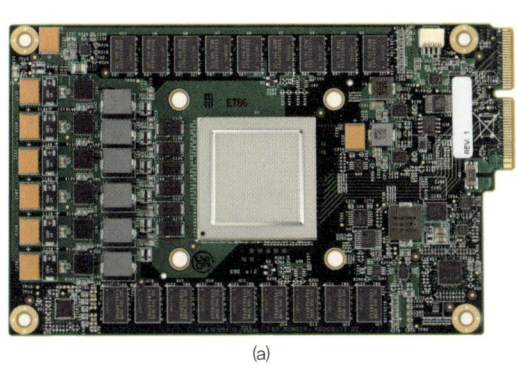 

(a) (b)

* 출처 : cloud.google.com/blog/big-data/2017/05/an-in-depth-look-at-googles-first-tensor-processing-unit-tpu#closeImage

(a) PCB 기판에 있는 구글의 Tensor Processing Unit(TPU)
(b) 구글 데이터 센터에 설치된 TPUs

되어 수백kW 이상의 엄청난 전력을 소모하고 또한 큰 공간을 차지한다. 비록 기술이 발전하여 전력소모를 줄인다고 해도 현재 사용중인 폰 노이만von Neumann 방식의 컴퓨터 아키텍처에서는 한계가 있어 크게 줄일 수 없다.

예전에 바이폴라 트랜지스터(반도체 소자의 일종으로 스위치나 증폭기로 사용됨)를 사용한 집적회로IC에서는 집적도가 증가하면서 전력소모가 증가하는 문제가 있었다. 전력소모 문제를 해결하기 위해 CMOS FET(반도체 소자의 일종으로 상보성(p형 및 n형) 금속-산화물-반도체 전계효과 트랜지스터)가 1963년 발명되었고 이를 이용한 집적회로 기술을 개발하여 현재까지 사용하고 있다. 이 CMOS 기술도 집적도가 증가함에 따라 전력소모가 심각해지

고 있고, 다양한 방향으로 해결 방법을 찾고 있다. 그 중 하나가 뉴로모픽Neuromorphic 기술이다.

뉴런, 시냅스, 뉴로모픽

신경모방 기술에서는 뉴런과 뉴런 사이를 연결하는 시냅스가 중요한 역할을 한다. 뉴런은 입력으로 들어오는 신호의 축적Integrate이 어떤 임계치를 넘으면 발화Fire 하여 스파이크 신호를 만든다. 시냅스는 STDPSpike Timing Dependent Plasticity 또는 SRDPSpike Rate Dependent Plasticity로 학습하고 기억이 강화되는 강화Potentiation, 기억이 약화되는 약화Depression, 오래가는 기억, 짧게 유지되는 기억, 시냅스에 따라 흥분Excitatory, 억제Inhibitory 기능을 가지고 있다. 이들 뉴런과 시냅스의 기능을 모방하는 반도체 기술을 개발할

그림 2. 동물의 신경계에 있는 뉴런과 뉴런의 연결 및 뉴런 사이의 시냅스를 표현한 도식적 그림

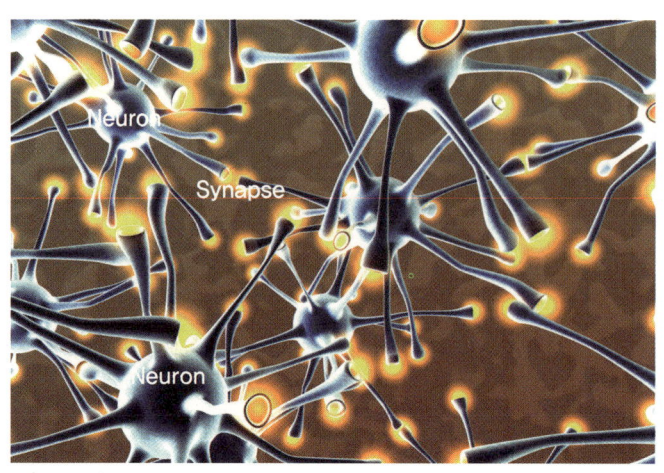

필요가 있다. 시냅스는 얼핏 2단자로 보이는데 실제는 2단자 이상으로 보인다. Pre 뉴런이 발화하는 경우 이 뉴런의 축색돌기Axon를 통해 스파이크 신호가 시냅스에 도달하고 시냅스에서 신경전달물질이 나와 Post 뉴런에 연결된 수상돌기Dendrite에 이온 채널을 열어주는 일종의 게이트 역할을 한다. 그러면 시냅스 주변의 조직에 있는 이온이 수상돌기로 주입된다. 시냅스 주변 조직이 이온의 소스가 되고 수상돌기는 이온을 받아들이는 일종의 드레인이 된다. 이것만 고려하면 시냅스는 3단자로 볼 수 있다.

기존의 폰 노이만 아키텍처 기반의 컴퓨터는 클럭Clock에 동기되어 동작하고 클럭 주파수가 높아짐으로써 전력소모가 증가한다. 또한 프로세서는 외부 메모리에 데이터를 저장하거나 가져오는 동작을 많이 함으로써, 전력소모를 증가시킨다. 학습이나 인지 기능을 기존의 폰 노이만 기반 프로세서로 수행하게 되면 곱셈과 덧셈을 디지털 코드로 수행함으로써 많은 전력을 소모하게 된다. 이들 프로세서는 논리연산은 잘하지만 인지연산에는 매우 취약하다.

학습이나 인지연산을 매우 적은 전력으로 수행할 수 있는 것이 동물의 신경계이며, 이를 모방하여 반도체 하드웨어로 구현하는 것이 뉴로모픽 컴퓨팅에 해당한다. 향후 폰 노이만 기반과 뉴로모픽 기반의 조화가 이루어져 더욱 발전하는 컴퓨팅 시스템이 등장할 것으로 예상된다. 앞으로 메모리 칩 속에 곱셈기와 덧셈기가 같이 집적되는 시대가 올 것이다. 이에 따라 이러한 패러다임 변화와 국내 산업구조를 고려한 인력양성과 기술개발이 필요하다.

현재 국내 반도체 산업은 아주 잘되고 있지만 앞으로도 잘하기 위해서는 날카로운 통찰력으로 어떤 기술을 어떻게 개발하여 응용할 것인지에 대한 고민과 과감한 실행이 필요할 것이다. 지금이 그 적기이고, 이 시기를 놓치면 머지않아 어려움에 직면할 것이다. 현재의 폰 노이만 컴퓨팅 시스템은 뉴로모픽 컴퓨팅과 융합하는 형태로 기술 방식의 변혁기를 맞이할 가능성이 높다. 컴퓨팅의 패러다임이 변하는 시기로 보인다.

스파이킹 뉴럴 네트워크와 딥 뉴럴 네트워크

최근 딥 뉴럴 네트워크Deep Neural Network, DNN 분야의 연구와 개발이 활성화되어 상업적으로 이용되기 시작했다. 주로 소프트웨어 기반의 DNN이 상업적으로 사용되기 시작했는데, 이진법으로 동작하는 GPU 등의 가속기를 사용하여 컴퓨팅을 수행한다. GPU와 유사한 기능을 하는 하드웨어로, 구글은 TPU를 사용하여 알고리즘의 연산을 수행한다. 이들 GPU나 TPU는 DNN 컴퓨팅을 위해 반복적으로 곱셈과 덧셈을 수행하여 전력소모가 매우 크다. 현재 다양한 알고리즘 및 하드웨어 아키텍처 기술이 개발되고 있고, 그 성과도 있으나 여전히 동물의 신경계를 모방하는 뉴로모픽 기술에 비해 전력소모가 훨씬 크다.

소프트웨어 기반의 DNN에서는 학습과 인지가 상당히 발전한 수준이며, 학습에 있어 역전파(Back-propagation, 다층 인공신경망에서 인지연산과 반대 방향으로 층을 이동하면서 시냅스의 가중치를 개선하여 인지 에러를 줄이는 알고리즘)를 사용한다. 그러나 동물의 신경계에서는 역전파 기능을 학습에 사용하지 않는다. 최근 역전파 기능이 학습에 유용하기 때문에 이를 뉴로모픽에 접목하려는 연구가 발표되고 있고, 하드웨어상에서도 구현하려는 노력이 진행되고 있다.

표 1을 참고하면 시냅스 어레이에서 가중치(Weight, 컨덕턴스나 저항값의 크기로 저장됨)는 아날로그와 디지털 2가지 방식으로 구현된다. 아날로그 방식의 경우, 시냅스 모방소자의 가중치는 다수 개가 될 수 있어 하나의 시냅스에 많은 정보를 저장할 수 있다.

예를 들어, 25개의 컨덕턴스 차이를 보장하는 시냅스 모방소자는 32개의 가중치를 가질 수 있다. 그러나 가중치를 표현하는데 있어 정확도 저하나 학습을 위한 신호에 따른 가중치가 비선형적으로 바뀌는 이슈

표 1. 인간의 뇌, 뉴로모픽 기술, 딥 뉴럴 네트워크의 주요 특징 비교

	인간의 뇌	뉴로모픽		딥 뉴럴 네트워크
신경모델	(뇌)	스파이킹 뉴럴 네트워크(SNN)	Deep Belief Networks(DBN) Recurrent Neural Networks(RNN) Convolutional Neural Networks(CNN)	
		하드웨어 기반	하드웨어 기반	소프트웨어 기반
구현	뉴런 어레이	뉴런 어레이 (I&F)	뉴런 어레이 (Activation)	폰노이만 아키텍처 가속기 (GPU, TPU, NPU 등)
	시냅스 어레이	시냅스 어레이 Analog, Digital (Reconfigurable)	시냅스 어레이 Analog, Digital (G^+, G^-)	
전력소모	극도로 낮음	아주 낮음	낮음	아주 높음
성숙도	완벽?	아주 낮음	낮음	높음

도 있다. 디지털 방식은 가중치가 0 아니면 1로 잡음에 강하고 학습의 신뢰성이 높은 장점이 있으나, 하나의 시냅스 모방소자에 저장할 수 있는 가중치가 아날로그 방식에 비해 훨씬 작다.

학습방법과 인지가 이미 검증된 소프트웨어 기반의 DNN에서 시냅스의 가중치는 음(-), 0, 그리고 양(+)으로 표현될 수 있어야 한다. 소프트웨어에서는 이런 표현을 디지털 코드에서는 쉽게 구현할 수 있지만 하드웨어로 구현하는 경우, 여러 가지를 고려할 필요가 있다. 양에서 음의 영역까지 변하는 시냅스 모방소자의 가중치를 구현하기 위해 통상 2개의 소자(예로서 G^+와 G^-를 각각 표현하는 2개의 소자, 이 경우 가중치는 G^+-G^-)가 사용되어 하나의 시냅스를 모방할 수 있다. 만약 G^-가 G^+보다 크면 음의 가중치를 구현할 수 있다.

하드웨어로 뉴럴 네트워크를 구현하는 경우 입력신호(예, 전압)가 가중치(예, 컨덕턴스)를 갖는 소자에 인가되면 입력과 가중치의 곱셈 연산이 매우 낮은 전력을 소모하면서 일어난다. 시냅스 어레이에서 이 연산의 결과는 하드웨어로 쉽게 더해질 수 있다. 예를 들어, 입력이 전압이고 시냅스 가중치가 컨덕턴스인 경우, 이들의 곱은 전류가 되고, 많은 시냅스 모방소자로부터 전류를 하나의 커패시터에 쉽게 저장되어 곱셈의 결과가 더해지는 소위 가중치 합weight sum이 일어난다. 이 과정의 전력소모는 GPU나 TPU에서 소모하는 것에 비해 훨씬 작다.

즉, 가중치 합은 입력이 시냅스 모방소자를 지나고 그 결과가 커패시터에 저장되면서 아주 쉽게 수행된다. 반면 소프트웨어 DNN에서는 32비트 또는 64비트 곱셈기에서 디지털로 곱셈을 수행하고 그 결과를 디지털 덧셈기에서 덧셈을 수행하므로 전력을 많이 소모한다.

뉴로모픽 기술의 범위를 어떻게 정의할 것인가? 표 1을 참조하자. 상기 GPU나 TPU는 하드웨어지만 딥러닝에서 가중치합을 원활하게 하기 위한 전용 프로세서로 폰 노이만 기반의 시스템과 유사하게 동작한다. 이들 하드웨어는 일반적으로 딥러닝 연산을 빨리할 수 있는 가속기 Accelerator로 볼 수 있다. 그러나 DNN을 수행하기 위해 시냅스 모방소자를 구현하고, 뉴런에 해당하는 활성함수 Activation function를 하드웨어로 구현한 경우는 뉴로모픽 기술로 분류할 수 있다. 시냅스 모방 소자 어레이 및 뉴런 모방 회로 어레이로 DNN을 구성할 수 있고, 이 경우 앞서 언급한 것과 같이 하나의 시냅스는 양과 음 사이의 가중치 구현을 위해 2개의 소자 쌍으로 구현된다.

또한 역전파 기능을 하드웨어로 구현하여 가중치 업데이트가 가능하도록 해야 전력을 대폭 줄일 수 있다. 그러나 통상, 역전파 기능을 하드웨어로 구현하기는 어려우며, 경우에 따라서는 학습은 소프트웨어 기반 DNN에서 수행하고 학습의 결과인 가중치를 하드웨어 시냅스 어레이에 복사하여 인지나 추론만 하는 경우도 있다. 만약 시냅스를 모방하는 소자에서 가중치를 아날로그로 표현하는 경우, 소프트웨어에서 최적화된 가중치를 복사하여 인지나 추론에 사용하면 큰 문제가 발생할 수 있다.

즉, 시냅스 모방 소자의 가중치는 프로그램이나 이레이저 동작으로 가능한데, 소프트웨어 가중치를 복사하는 과정(예, 펄스의 개수를 조정한 프로그램/이레이저 수행)에는 항상 산포가 발생하기 때문이다. 이러한 가중치 에러는 향후 인지나 추론과정에서 큰 오류를 만들 수 있기 때문에 많은 연구가 필요하다. 특히 인지의 수준이 높아지는 경우, 즉 시냅스 모방 소자의 어레이 크기가 증가하는 경우에 심각해질 수 있다. 이러한 경우에는 역전파 기능을 하드웨어로 구현하여 가중치 복사 후에 온라인상에서 학습할 수 있도록 해야 한다. 그 결과 복사과정에서 발생하는 산포가 온라인 학습에 의해 인지나 추론 능력을 높이는 형태로 최적 가중치로 변화하게 된다.

DNN에 비해 스파이킹 뉴럴 네트워크(Spiking Neural Network, SNN)는 더욱 전력소모를 낮출 수 있는 뉴로모픽 기술로 동물 뇌의 학습 및 인지 기능에 좀 더 가깝다고 할 수 있다. SNN에서 시냅스 모방소자를 학습하기 위해 STDP나 SRDP 등이 있고 다양한 방식이 연구되고 있다. 그러나 DNN에 비해 여전히 정교하면서도 신뢰도가 높은 학습 방법의 개발이 부족한 상태다. 이를 해결하기 위해 DNN에서 잘 개발되어 검증된 역전파를 이용한 가중치 업데이트 방식을 SNN에 접목하는 연구 결과가 발표되고 있다.

통상 SNN에서 STDP를 사용하여 학습하는 경우, 시냅스 모방소자는 하나의 소자로 구현되고, 뉴런은 축적(Integrate)과 발화 기능을 구현하는 회로로 구성된다. SNN에서 다수 개의 뉴런이 하나의 층에 형성되고, 이러한 층이 여러 개 구현되면 인지 능력을 높일 수 있다. 하나의 뉴런 층에서 특정 뉴런이 발화하게 되면 발화 뉴런과 연결된 시냅스의 가중치를 업데이트하고 발화 뉴런이 초기상태로 가는 시간 동안 나머지 뉴런이 발화하지 못하도록 하는 억제(이를 Lateral inhibition이라 함) 기능을 가지고 있다.

앞서 언급한 것과 같이 소프트웨어 기반 DNN에서 특정 인지를 위해 최적화된 시냅스 어레이의 가중치를 SNN에 복사하여 사용할 수 있다. 그 경우, 음과 양의 범위에서 가중치를 구현할 수 있어야 하므로 SNN에 있는 시냅스는 DNN에서와 같이 2개의 소자로 구현되어야 한다. 이 경우, 하나의 시냅스를 모방하는 소자 2개 중 하나는 흥분Excitatory 기능을 하고 다른 하나는 억제Inhibition 기능을 한다. 두 소자의 가중치는 항상 빼기가 되도록 구성되어, 음에서 양에 이르는 가중치를 구현할 수 있다.

이와 같이 뉴로모픽 기술에는 아주 많은 조합이 소자, 회로, 아키텍처, 학습방법 등에서 존재하여 시스템 구현에 따른 경우의 수는 아주 많다. 어느 소자와 회로, 어느 아키텍처, 어느 알고리즘을 조합하는가에 따라 시스템의 성능(인지능력, 학습능력, 전력소모 등)이 달라질 수 있다. 또한 다양한 알고리즘이나 시스템 아키텍처에 부합하는 뉴런(또는 활성함수) 회로와 시냅스 소자가 존재할 수 있어 많은 연구가 필요한 상황이다. 시냅스 모방소자가 단순히 장기기억강화Long-Term Potentiation, LTP나 장기기억약화Long-Term Depression, LTD만 가지면 되는지, 아니면 단기기억도 가져야 하는지, 입력에 아날로그 신호가 들어오는지, 아니면 펄스 형태의 신호가 들어오는지에 따라 시냅스 모방 소자 자체에서도 많은 변화가 요구된다.

또한 동기로 동작하는지 아니면 비동기Event-driven로 동작하는지도 고려되어야 한다. 일반적으로 DNN은 동기로 동작하고 SNN은 비동기로 동작한다. 일례로 IBM에서 발표한 트루노스TrueNorth는 잡음에 강한 스파이크를 사용하고 디지털 회로로 시냅스와 뉴런의 기능을 구현하는 형태로 구성되어, 역전파와 같은 학습 기능은 없고 인지기능만 수행한다. 이 시스템에서 가중치는 소프트웨어 DNN에서 최적화된 가중치를 복사하여 사용한다. 가중치를 디지털 메모리로 표현하면 시냅스 소자의 집적도는 크게 떨어지는 단점이 있으나, 복사된 가중치의 에러는 아주 낮아 온라인 학습 기능이 없어도 가능하다.

뉴로모픽 기술은 극저전력으로 인지연산을 아주 효율적으로 할 수 있다. 저전력과 인지연산 기능으로 새로운 응용 분야가 열릴 수 있다. 뉴로모픽의 핵심 기술은 반도체 메모리 기술이다. 우리나라가 갖고 있는 세계 최고의 반도체 메모리 기술을 뉴로모픽 기술과 창의적으로 융합하는 것이 반드시 필요하다. 이를 위해 산학연과 정부가 협의하여 효과적인 전략을 마련해서 추진할 필요가 있다.

반도체 메모리 기술과 뉴로모픽 기술이 효과적으로 접목되면 인지연산이 가능한 시스템 반도체가 될 수 있다. 우리나라에서 늘 부족한 반도체 기술이 시스템 반도체 기술인데, 새롭게 바뀔 가능성이 높은 뉴로모픽 기술을 메모리 반도체와 접목하면 새로운 패러다임의 시스템 반도체 기술을 선도할 수 있다. 이는 현재 우리나라의 상황에서 가장 효과적인 최적의 전략적 기술이 될 가능성이 높다. 이것이 성공하면 우리는 기존의 반도체 메모리를 선도하는 것은 물론이고 이를 뉴로모픽에 융합하여 새로운 가치를 창출하고 시장을 선도할 수 있게 될 것이다.

뉴로모픽 기술

시냅스 모방소자

　미래의 패러다임을 바꿀 수 있는 기술로 평가되는 뉴로모픽 컴퓨팅 칩은 어떻게 구성되어 있는가? 뉴로모픽 컴퓨팅 칩은 인지와 같은 신경 시스템의 기능을 수행하는 아날로그, 디지털, 혼합 아날로그 디지털 고밀도 집적회로와 소프트웨어 시스템이라 볼 수 있다. 아직 시냅스를 모방하는 효과적인 소자, 뉴런을 모방하는 소자나 회로, 그리고 주변회로, 뉴로모픽의 전체 성능을 결정하는 아키텍처가 정립되어 있지 않다. 논문이나 데모를 하는 각 조직은 각자의 방식이 적절하다고 발표하는데, 아직 전반적으로 표준화된 것은 없다. 미국 IBM이 트루노스(TrueNorth)를 발표함으로써 가장 앞서나가는 것으로 보이나, 에스램(SRAM) 기반으로 수행하던 연구는 크게 줄어들었고 상변화램(PRAM)과 같은 확장성 있는 시냅스 모방소자를 이용하는 연구를 진행하고 있다.

　즉, 아직도 이 분야는 기술적으로 춘추전국시대와 같은 상황이며 아직 표준화된 기술이 없는 것으로 판단된다. 따라서 우리나라는 세계 최고의 반도체 메모리 기술을 이용하여 뉴로모픽 연구개발 정책을 합리적으로 수립하면 세계를 선도할 수 있을 것이다. 최근 유행하는 딥러닝은 다층 뉴럴 네트워크를 사용하여 아주 복잡한 인지가 가능한 알고리즘과 머신 러닝의 일종이라 할 수 있다. 이는 앞서 언급했지만 폰 노이만 아키텍처 기반으로 수행되는 병렬 GPU 때문에 엄청난 전력을 소모하고 있다. 딥러닝 분야에서 우리나라가 미국을 앞서기는 힘들겠지만 연구의 목표는 기술격차를 줄이는 것이다.

우리나라가 GPU, TPU, NPU 등의 분야에서 세계 선두로 갈 가능성은 높지 않은 것으로 보인다. 그러나 우리나라는 플래시메모리, DRAM, STT-MRAM 등에서 세계 선두를 유지하고 있고, 이를 지탱하는 메모리 재료, 공정, 회로, 시스템, 아키텍처, 메모리 구동 소프트웨어 분야에 유능한 인력이 있기 때문에 뉴로모픽 기술에서 세계를 선도할 수 있는 조건을 갖추었다고 할 수 있다. 올바른 전략과 연구개발 정책이 갖추어지면 세계를 선도할 수도 있을 것이고, 그러한 날이 반드시 와야 한다. 이런 기회는 자주 오지 않는다.

그림 3에서는 뉴로모픽 기술에서 시냅스 소자가 가져야 할 주요 특성을 보여준다. 우선 이들 특성은 뉴로모픽 기술 중에서 DNN에 사용

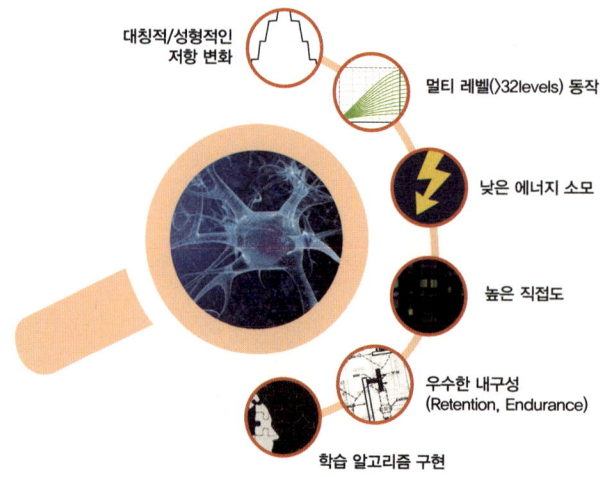

그림 3. 시냅스 모방소자가 가져야 할 특성

*ITRS(International Technology Roadmap for Semiconductor) 로드맵

표 2. 시냅스 모방소자를 위한 후보 메모리 기술의 주요 특징 비교

	SRAM	DRAM	NAND	Memristors
내구성	높음	높음	높음	낮음
산포	작음	작음	작음	큼
밀도	낮음	낮음	높음	높음
전력소모	중간	높음	낮음	낮음
메모리 유형	휘발성	휘발성	비휘발성	비휘발성
선택소자	-	-	-	필요

되는 시냅스 모방소자의 특징을 기술한 것으로 판단된다. 왜냐하면 인가되는 펄스 개수에 따라 대칭적이고 선형적인 저항변화를 요구하고 있기 때문이다. 그러나 DNN이든 SNN이든 일반적으로 그림 3에 보인 특징을 만족할 필요가 있다.

그러면 어떤 메모리 기술이 뉴로모픽에 사용될 가능성이 높을까? 각 메모리는 메모리 고유의 특징이 있기 때문에 아키텍처가 다른 뉴로모픽의 응용에 적용될 가능성이 있다. 표 2를 참고하자. 시냅스 모방 소자가 SRAM인 경우, 방향에 따른 I/O를 고려하여 하나의 SRAM은 8개의 트랜지스터를 사용한다.

통상 메모리로 사용되는 하나의 SRAM 셀이 6개의 트랜지스터로 구현되는 것에 비해 뉴로모픽용은 8개를 사용하므로 집적도가 떨어진다. SRAM은 0과 1만을 저장하는 디지털 메모리이므로 하나의 아날로그 메모리 소자가 저장할 수 있는 정보에 비해 훨씬 적은 정보를 저장한다. SRAM은 신뢰성, 재현성, 속도 측면에서는 좋으나 하나의 메모리 셀이 너무 많은 면적을 점유한다. 만약 3개 SRAM을 하나의 시냅스로 사

용하면 3비트의 정보를 저장할 수 있고, 약 $450F^2$ 정도의 큰 면적을 점유한다. DRAM도 SRAM과 더불어 양산되는 기술로 SRAM에 비해 면적은 셀당 $6{\sim}8F^2$로 작으나 메모리 자체가 휘발성인 단점이 있고, 주기적으로 리프레쉬(Refresh : 저장된 휘발성 기억을 유지하기 위한 동작)를 해야 하므로 전력소모가 다른 메모리 기술에 비해 큰 단점이 있다.

휘발성 메모리라고 해서 뉴로모픽에 사용할 수 없는 것은 아니고, 그 나름의 응용 분야가 있을 수 있다. 양산되고 있는 시냅스 소자 후보로 플래시 메모리 소자를 들 수 있다. 이는 비휘발성으로 기본적으로 시냅스 소자가 가져야 할 조건을 잘 만족하는 편이다. 낸드로 구현할 경우, 셀당 ${\sim}4F^2$ 정도로 집적도를 높일 수 있고, 노어로 구현되더라도 메모리 구조에 따라 셀당 ${\sim}10F^2$ 이하로 할 수 있어 집적도를 크게 높일 수 있는 장점이 있다. 이들 소자는 전하를 저장할 수 있는 층에 전하를 얼마나 넣어주느냐에 따라 아날로그 형태로 많은 가중치를 하나의 소자에 저장할 수 있는 장점이 있다. 실제 5비트(32 레벨) 이상의 가중치를 하나의 모방소자에 저장할 수 있다. 다만 기존의 플래시 메모리에서 요구하는 터널링 절연막을 그대로 사용할 경우, 가중치 업데이트를 위한 쓰기/지우기 횟수에 제한이 있고, 따라서 뉴로모픽에 맞게 창의적으로 변화시킬 필요가 있다.

또한 플래시 메모리에서 소자의 쓰기/지우기Program/Erase 전압이 다른 시냅스 후보 소자 중에서 높은 편이다. 하지만 뉴로모픽 기술에서는 현재 양산되는 낸드 플래시의 쓰기/지우기 전압보다 낮은 전압을 사용하고 있어, 동작 전압은 큰 문제가 되지 않을 것으로 예상된다.

최근 시냅스 모방 소자 후보로 많이 연구하고 있는 것은 멤리스터Memristor다. 멤리스터는 기본적으로 2단자 소자로서 항상 다이오드나 트랜지스터와 같은 선택 소자Select device가 각 시냅스 모방소자마다 필요하다. 따라서 3차원으로 쌓아올리는 경우 공정상의 문제가 있을 수 있으며, 기본적으로 집적도가 선택소자에 의해 떨어지는 단점이 있다. 그러나 SRAM에 비해서는 집적도가 훨씬 높다고 할 수 있다. 이들 멤리스터에 포함되는 것은 저항변화메모리RRAM, 상변화메모리PRAM, 스핀트랜스퍼토크 자기메모리STT-MRAM 등이다. 이 중에서 STT-MRAM의 경우 CMOS 집적공정이 끝난 후 상부에 형성하여 임베디드Embedded 메모리 형태로 양산되고 있어, 신뢰도 측면에서 멤리스터 중 가장 우수하다.

그렇지만 저항값이 Low와 High 상태, 즉 0과 1 상태에 해당하는 디지털 메모리를 가지고 있어 시냅스의 가중치 저장 밀도 측면에서 불리하다. 모방 소자 하나당 집적도는 선택소자에 따라 달라질 수 있지만 대략 $4F^2$~$10F^2$ 정도로 추정된다. PRAM은 저항변화 물질의 상이 비정질(높은 저항)과 결정질(낮은 저항)로 바뀌면서 메모리로 동작한다. 집적도는 선택소자를 포함하여 소자당 약 $4F^2$~$10F^2$ 정도로 고려된다. 집적도가 높고 속도도 빠른 특징이 있으며, 양산되는 기술이라 신뢰도 또한 적절한 것으로 보인다. 다만 비정질 상태가 불안정하여 시간에 따라 저항값이 바뀌는 단점이 있다. 이는 하나의 소자에 아날로그 형태로 정보를 저장하는데 문제가 되고 고밀도 정보 저장을 방해한다.

RRAM은 PRAM과 유사하게 빠른 동작속도와 높은 집적도를 가지고 있어 많이 연구되고 있다. RRAM도 PRAM과 마찬가지로 하나의 소자당 집적도는 선택 소자를 고려하면 $4F^2$~$10F^2$ 정도가 될 것으로 예상된다. 오래 연구되었지만 여전히 대규모 어레이로 구현할 때, 특성의 균일성에 있어 문제가 되고 있다. 멤리스터 소자가 시냅스 소자로 사용되어 어레이로 배치되고 뉴런 모방 회로 어레이에 연결되어 뉴로모픽 시스템으로 구현될 때, 배선에서의 저항에 의한 저항성 전압 강하는 시간에 따라 달라지고 이러한 전압 강하는 읽기나 가중치 업데이트에 문제를 일으켜 추론이나 인지에 있어 정확도를 저하시킬 수 있다.

소프트웨어에서 학습을 하고 최적화된 가중치를 RRAM 어레이에 복사하여 인식을 하는 경우도 문제가 된다. 왜냐하면 가중치 복사 과정에서 RRAM의 저항값이 아날로그 형태로 구현되는데, 원래 소자 사이의 산포는 물론이고 복사과정에서 상대적으로 큰 가중치 산포가 발생하기 때문이다.

뉴로모픽 기술에서 SNN은 통상 STDP를 이용한 학습을 하고, DNN은 역전파를 이용하여 학습을 한다. STDP를 통해 학습을 한 경우, DNN에 비해 인식률이 높지 않고 이에 대한 연구가 필요하다. 하드웨어 DNN은 소프트웨어상에서 딥러닝으로 학습하는 형태를 하드웨어로 구현하는 것으로 소프트웨어상에서 최적으로 학습된 것을 복사하여 학습의 초기조건으로 활용할 수 있다.

기존 딥러닝에서는 음-, 0, 양+에 이르는 가중치를 사용하는데, 이를 하드웨어 DNN에서 구현하기 위해서 반드시 2개의 소자를 이용하여 하나의 시냅스 모방소자를 구현해야 한다. 즉, 2개의 소자 중에서 하나는 양의 컨덕턴스$_{G+}$를 그리고 다른 하나는 음의 컨덕턴스$_{G-}$를 위해 사용되고, 웨이트$_w$는 G$^+$-G$^-$로 구현하면 음에서 양에 이르는 다양한 값을 구현할 수 있다. 통상 하드웨어 DNN을 위한 소자는 그림 3에서 언급한 것과 같이 LTP와 LTD가 선형적이고 대칭적이어야 한다.

그러나 이러한 시냅스 모방소자를 실제로 구현하기 어려우며, 대부분의 소자는 비선형적이고 비대칭적인 LTP, LTD를 갖는다. 따라서 실제 구현되는 시냅스 모방소자의 특성을 고려하여 학습 규칙이나 가중치 업데이트 방법을 바꾸면 인식률을 높일 수 있고, 이러한 부분에서도 많은 연구를 필요로 한다.

뉴런 모방 회로

SNN에서 뉴런 모방 회로는 축적 및 발화 동작을 수행한다. 이를 위해서는 집적회로의 도움이 필요하며, 통상 축적 기능을 위해 멤브레인(Membrane) 커패시터를 사용하는데 이 값은 대략 0.5pF 정도이며, 큰 면적을 점유한다. 물론 동작을 고속으로 할 경우, 커패시터 값을 줄일 수 있지만 또 그에 따른 문제가 있다. 응용 분야에 맞는 최적 동작속도가 있을 것으로 예상된다.

SNN을 위한 뉴런 회로에서 문제는 트랜지스터 개수가 많고, 축적을 위한 멤브레인 커패시터가 크다는 것이다. 뉴런 모방 회로도 시냅스 모방소자에서와 같이 가능한 한 간단하게 하면서 필요한 기능을 하도록 설계하여 집적도를 높일 필요가 있다. 뉴런 모방 회로와 시냅스 모방소자들을 이용하여 STDP 학습을 구현하는 경우, 시냅스 모방 소자의 학습을 위한 가중치 업데이트가 일어나도록 하는 전압과 학습을 위한 시간, 이를 위한 아키텍처와 알고리즘을 함께 고려해야 한다. 입력이나 가중치 업데이트를 위한 전압 파형을 설계할 때, 시간 영역이 ms인 것도 종종 발표된다. 사실 CMOS 집적회로를 ms 영역에서 동작을 하게 만드는 것은 오히려 어렵다. 따라서 꼭 필요한 경우가 아니면 ms 영역에서 동작하도록 집적회로를 설계할 필요는 없다.

새로운 시장을 여는 뉴로모픽 기술

오늘날 집적회로의 핵심기술인 CMOS FET을 연구할 때, 재료, 공정, 소자, 회로, 아키텍처, 시스템 및 알고리즘을 연구하는 그룹은 서로 독립적으로 주어진 사양을 만족하도록 연구하면 된다. 즉, 기술이 표준화가 되어 각 분야별로 무엇을 해야 하는지 명확하다. 그러나 뉴로모픽 기술의 개발은 CMOS 연구와는 다르다. 아직 표준화된 기술이 없다. 뉴로모픽 기술은 시냅스 모방소자의 구조, 단자 수, 가중치 업데이트를 위한 전압이나 시간 등이 뉴런 모방 회로의 동작, 나아가 아키텍처, 알고리즘에 모두 연관이 된다. 여러 연구 영역에서 어떤 것이 바뀌면 나머지도 함께 바뀔 필요가 있다.

즉, 표준화된 기술이 없고, 연구의 초기단계로 여러 영역의 전문가가 밀접하게 협력하여 함께 연구를 해야 의미 있는 기술을 개발할 수 있다는 것이다. 중요한 것은 시냅스 소자, 뉴런 회로, 알고리즘, 아키텍처, 운영체제, 응용이 서로 연결되어 있다는 것이다. 특히 어떤 응용이 주어지면 이에 적합한 아키텍처가 있을 것이고, 이 아키텍처가 중요한 역할을

그림 4. 뉴로모픽의 요소 기술과 이들 사이의 상호 연관성을 도식적으로 표현한 그림

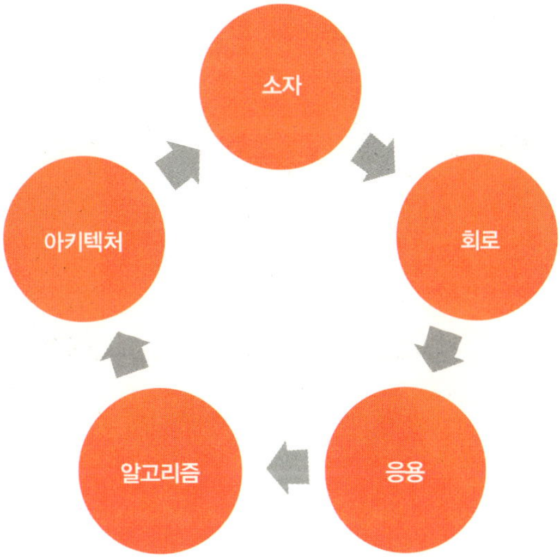

하는 것으로 보인다. 왜냐하면 아키텍처가 확립되어야 뉴런 회로 및 시냅스 모방소자에 대한 사양이 결정되기 때문이다. 이와 같이 적어도 지금은 학제 간 협력 연구가 중요하다고 할 수 있다.

현재 개발되고 있는 인공지능의 대부분은 클라우드 형태다. 즉, 슈퍼컴퓨터와 데이터 센터가 따로 있고 고속 통신을 통해 실시간으로 인지하고 판단하여 대응한다. 슈퍼컴퓨터와 데이터 센터에서는 엄청난 계산을 해야 하므로 전력소모가 심각할 것이다. 또한 이러한 인공지능 서비스는 고속 통신이 가능한 곳에서만 가능하고, 통신 선로에 부하가 생기거나 사고가 발생할 경우 사용할 수 없는 단점이 있다.

통신 문제를 해결하는 방안으로 기존의 인공지능 시스템을 클라우드 형태로 하지 않고 독립적으로 구현하는 경우를 살펴보자. 예를 들어,

그림 5. 초저전력 뉴로모픽 칩이 휴대전화에 탑재되어 이미지 센서와 연동하여 과일을 실시간으로 인지

* 출처 : http://research.ibm.com/cognitive-computing/neurosynaptic-chips.shtml#fbid=W0TDndYwuHo]

    자율주행 자동차에 최적화된 GPU를 포함한 컴퓨터가 동작할 때 여전히 전력소모가 심각하므로 주행거리 감소가 예상되며, 특히 전기자동차에 장착될 경우 이 문제는 더욱 심각해진다. 달릴 때 인지(순방향 가중치 합) 및 학습(순방향, 역방향 가중치 합)에서 전력소모가 심각하다. 만약 초저전력의 신뢰성 있는 뉴로모픽 칩 기술이 개발되면 다양한 분야에 응용될 수 있어 그 파급효과는 매우 크다고 할 수 있다. 예를 들어, 에지(Edge) 디바이스나 휴대기기를 포함한 모바일 디바이스에서 초저전력으로 실시간 인지 및 학습이 가능해진다.

    그림 5는 휴대전화에 뉴로모픽 칩이 장착될 경우 아주 낮은 전력을 소모하면서 실시간으로 과일을 인지할 수 있는 예를 보인다. 그 외 드론, 자율주행자동차, 학습 가능한 로봇, 빅데이터 프로세싱, 스마트 글

라스, 인공장기, 생체모방 곤충, 스마트 시계, 사물인터넷 등에 다양하게 응용되어 세상을 바꿀 것이다. 또한 다양한 센서와 융합되어 새로운 시장을 창출하고 인류에게 편리와 안전을 제공해줄 것이다.

  이와 같이 뉴로모픽 기술은 새로운 시장을 창출할 수 있고 큰 시장 지배력을 제공해줄 수 있는 신기술이다. 아직 연구가 초기 단계이므로 어떤 전략으로 어느 정도의 예산을 투입하여 연구와 인력양성을 하는가에 따라 기술을 선도하는 나라가 결정될 것이다. 다행히 이 기술은 메모리 반도체 기술과 밀접한 관련이 있는 인공지능 반도체 기술로, 우리나라가 추진하기에 매우 유리하다.

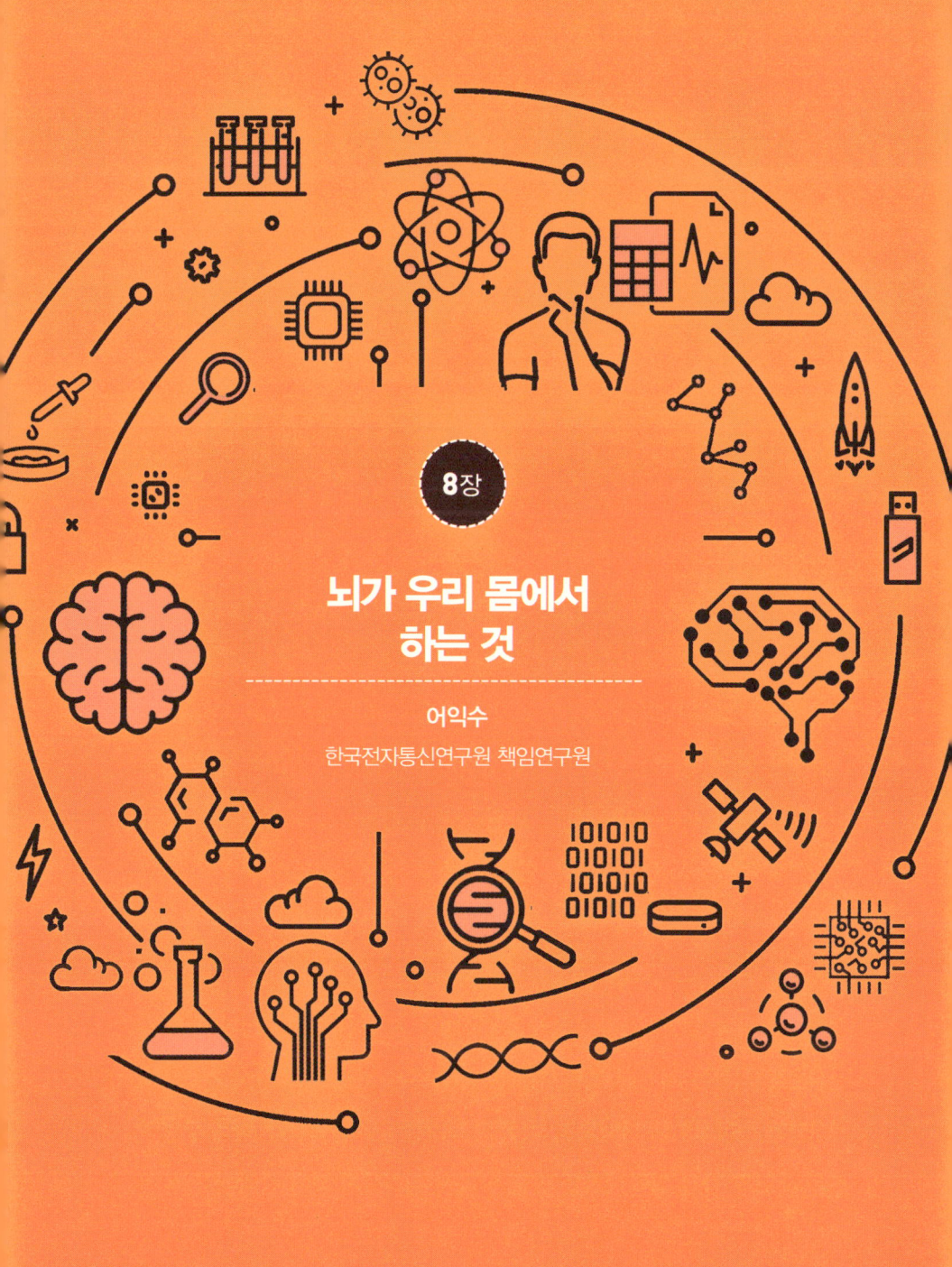

8장

뇌가 우리 몸에서 하는 것

어익수
한국전자통신연구원 책임연구원

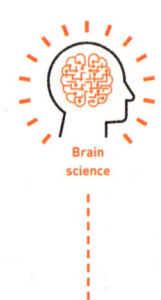

　뇌는 사람의 감각기관에서 느끼는 몸의 외부 정보인 감각을 받아들여 지금의 상황을 알게 하고 저장된 기억과 비교, 예측, 판단하여 행동을 일으킨다.

　사람은 팔과 다리를 움직여 걷거나 뛰게 하거나 배가 고픈 것을 느껴 음식을 찾아 먹는다. 이런 중에도 의식하지 못하지만 호흡과 심장 박동을 조절하고 체온을 유지한다. 한편 섬세한 손동작을 통하여 무엇을 만들거나 의사소통을 하며 글을 쓴다. 입을 통하여 소리와 말을 만들어 감정과 생각을 표현한다. 눈과 귀는 시각과 청각 감각기관이지만 눈동자의 움직임과 청각의 주의로 물체를 추적하거나 문자를 읽는다.

　뇌는 입력신호인 감각신호와 출력신호인 운동신호로 구성된다. 감각신호에 의하여 저장된 기억 정보를 인출하여 비교, 판단하여 경험에서 기억된 운동신호를 선택하고, 이를 운동기관으로 출력한다. 이 운동출력은 새로운 감각 입력신호를 만들어 다시 입력하게 되어 감각과 운동신

그림 1. 감각입력신호와 운동출력신호를 연결하는 뇌

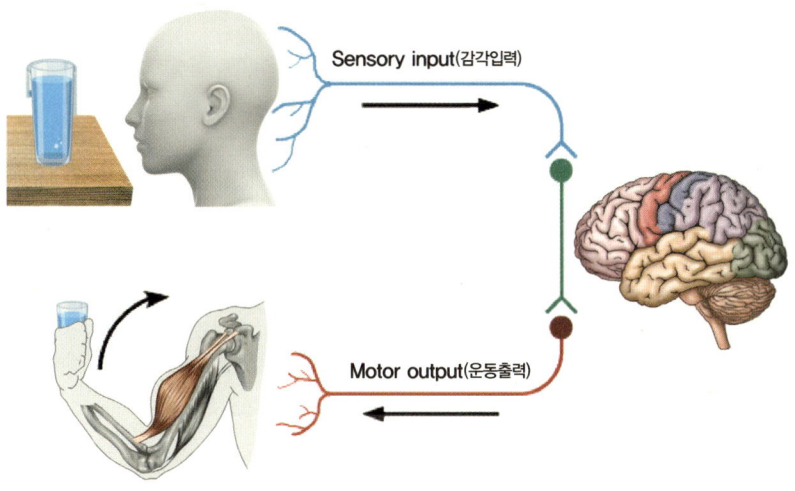

호들은 연속된 신호를 주고받으며 안정된 운동출력을 유지하게 된다.

입력 감각신호와 출력 운동신호는 신경세포를 통하여 전기신호 형태로 전달되며 신경세포 사이의 시냅스에서는 신경전달물질이 분비되어 신호가 전달된다. 신경세포는 신호가 모이는 세포의 핵 부분과 모인 신호가 전달되는 신경세포 가지가 있다. 신경세포의 핵은 회색질이며 가지는 백색질이다. 한편 기억을 담당하는 대뇌피질이 있으며 대뇌피질은 기능에 따라 시각과 청각 인지, 물체 및 소리 인식, 저장된 정보를 비교, 예측, 추론, 판단하여 선택된 운동의 신호를 생성하는 부분으로 나누어진다.

뇌는 감각신호를 받는다

감각신호는 근육의 고유감각, 피부의 온도, 촉각, 통증이 몸의 각 말단에서 들어와 척수를 거쳐 연수, 교뇌와 중뇌를 거쳐 소뇌와 시상에 전달된다. 전달된 감각신호는 몸의 현재 상태를 변경하여 저장하게 하고 감각신호를 반영하여 새로운 운동신호를 만들어낸다. 이러한 동작으로 안정되고 균형 잡힌 상태로 몸의 자세를 잡고 다음 동작이 부드럽게 이어지게 만든다. 아울러 온도와 통증에 대하여 반응하여 몸의 위치를 바꾸어 위험한 상태에서 피하거나 편안한 상태를 유지한다.

특수감각인 시각, 청각은 입력된 시각 신호에서 형태, 색깔, 움직임을 분리하여 대상을 구분하고 문자나 숫자인 경우 기억된 정보와 비교하여 인식하고, 입력된 청각신호에서 소리를 주파수 단위로 분리하여 자연소리, 음악, 언어를 구분한다. 그리고 언어의 경우 음소와 음절, 단어, 문장 순서로 저장된 정보와 비교하여 추출한다.

촉각은 이전에 이 촉각과 관련된 기억을 인출하고 느낌을 갖게 하며 통증은 몸을 방어하여 운동을 일으킨다.

뇌는 운동신호를 만든다

몸의 각 부분(다리, 몸통, 팔, 머리)의 온도, 촉각, 통증, 압력 감각은 피부를 통하여 감지, 뇌에 전달되어 감정을 일으키며 운동을 하게 한다. 뇌는 체온조절 자율신경을 조절하여 땀과 땀구멍을 통하여 체온을 유지한다. 뜨겁거나 차가운 온도를 감지한 뇌는 몸을 보호하기 위하여 뜨겁거나 차가운 외부환경을 피하는 운동출력을 발생시킨다.

운동출력신호는 뼈를 움직이는 골격 근육을 당기거나 늘려 몸을 움직인다. 주어진 위치에서 근육의 강직도를 다르게 하여 지지할 수 있는 무게를 설정하고, 운동출력신호의 발생 주기를 조절하여 움직이는 속도를 결정한다. 눈동자의 움직임을 상하, 좌우, 사선 방향으로 움직여 물체를 추적한다. 목소리를 내기 위하여 후두, 성대를 열고 닫아 공기 흐름을 만들며 혀, 턱, 입술을 섬세하게 움직여 말을 만든다.

뇌는 사람이 움직일 때 필요한 운동정보를 저장하고 있으며 움직임은 몸의 현재 상태를 의식하지 않고 인식한 고유감각 정보와 다음 운동에 필요한 운동신호가 합쳐진 움직임 신호에 의하여 만들어진다.

고유감각은 근육의 긴장도와 근육의 길이가 감각신호로 뇌에 전달되며 매 순간 몸의 고유감각은 소뇌와 대뇌피질에 전달되어 저장된다. 고유 감각신호는 우리 몸을 인지하게 하고 공간상에 있는 몸의 위치를 알게 한다. 이 때문에 감각신호는 어둠 속에서 아무런 시각정보가 없어도 몸 각 부위별 위치를 인식할 수 있다. 나아가 시각정보가 있는 경우 시각을 통해 받아들인 정보를 합쳐 공간상에 위치하는 몸을 인식하게 된다. 어둠 속에서 몸을 느끼는 것은 몸의 각 부분에서 입력되는 고유감각을 소뇌에서 계속 누적함으로써 시각정보 없이도 현재 몸 위치를 알 수 있으며, 시각정보와 함께 인지되는 상대적 몸의 공간상 위치는 대뇌피질에 저장된다.

뇌는 기억하고 학습한다

신경세포 연결의 세기는 학습하거나 반복함에 따라 변하는 가소성의 특성이 있다. 새로운 것을 학습하거나 어느 시간 동안 사용하지 않으면 신경세포의 연결 강도가 강해지거나 약해진다. 이러한 변화는 불과 수 초 만에 일어나는 것으로 세포의 단백질이 생성되어 그 연결이 변하게 된다. 이러한 과정이 반복되어 긴 시간 동안 축적이 이루어지며 연결 세기가 결정되어 결국에는 기능이 능숙해지거나 기억을 자주 인출하지 않아 알고 있던 기억을 잃어버리기도 한다.

감각입력이 저장된 감각정보와 다르면 이를 새로 기억하게 되는데 이 때 감각과 함께 발생한 감정도 감각과 연계되어 기억된다. 청각, 시각, 후각, 미각으로 느껴지는 감각 입력신호는 감정과 결합하여 느낌으로 만들어져 저장된다. 새로운 것을 배우면 기억으로 저장된다. 말을 배울 때를 예로 들어 설명하자면, 가장 먼저 청각을 사용하여 처음 듣는 말 소리를 감각하고 이 소리를 단어 단위로 나누어 인식하고 문장으로 이해하여 기억한다. 이렇게 축적된 기억을 토대로 문장을 인출하고 발성 기관을 이용하여 운동하는 형태가 '말하기'다. '읽기'는 시각 입력신호로부터 글자, 단어를 인식하고 문맥과 문장을 이해하는 과정이며, '쓰기'는 기억된 문장이 손 운동으로 출력되어 나타날 때 이루어질 수 있다. 이렇게 말을 듣는 과정부터 감각신호를 처리, 기억, 학습하며 발성과 발음 운동, 손 운동이 학습되고 기억되어야 듣기, 말하기, 읽기, 쓰기가 모두 완성될 수 있다.

그림 2. 뇌 구조도

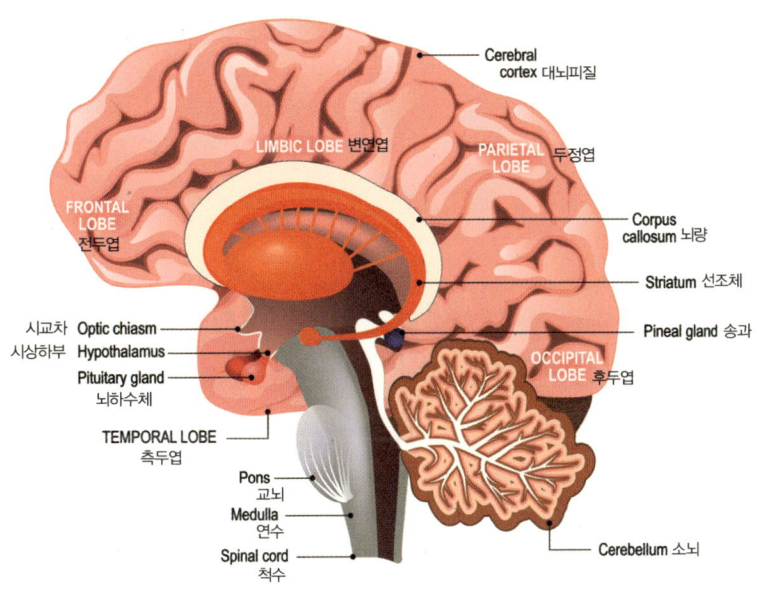

한편 출력 운동신호는 운동학습에 의하여 운동 발생 부위, 운동 시간, 세기를 세밀하고 정확하게 조절하여 신체를 잘 운동할 수 있게 한다. 운동신호는 매우 빠르게 고유감각 입력신호를 받아 몸의 위치 정보를 계속 수정하며 새로 발생하는 운동신호는 위치정보를 합쳐 보정하여 만들어진다. 반복된 학습에 의하여 운동부위에 전달되는 신호 발생시간과 신호 강도를 세밀하게 조절하여 보다 정확한 정보가 저장된다.

뇌 구조

어른 뇌는 무게가 1.4kg 정도이고 부피는 1,200cc 정도로 어른 손을 주먹 쥐고 마주하여 합한 크기 정도이며 사용하는 에너지는 13Watt 정도다. 뇌 속에는 약 1,000억 개의 신경세포가 있으며 대뇌피질에만 100억 개 이상의 신경세포가 분포되어 있으며 한 개의 신경세포는 최대 1만 개의 다른 세포들과 연결할 수 있다.• 새로운 기억은 2개 세포를 새로 연결하고 이런 연결이 망을 형성하여 만들어진다.

신경세포는 세포막을 사이에 둔 나트륨 이온 농도 변화에 의하여 전압이 발생하고 세포 내에서 이온 농도의 차이에 의한 이온 확산으로 전류가 발생한다. 신경세포 내 전압과 전류의 변화로 세포막을 통하여 전자기파를 세포 밖으로 전파하여 발생한 뇌파는 수면 시에 발생하는 델타(δ)파의 주파수 최저 0.2Hz에서부터 일상생활 중 활발한 뇌활동 상태에서 발생하는 감마(γ)파 주파수 100Hz 정도인 전기신호다. 뇌 속에서 입력 감각신호를 받으면 뇌 회로 연결에 의하여 정보를 얻고 저장된 기억과 비교, 판단하여 새로운 정보면 저장하고 운동을 해야 한다고 결정하면 기억된 운동 정보를 읽어내어 운동신호를 만들어 운동기관에 전달한다. 이 과정에서 입력신호를 받고, 처리하여 출력 신호를 만드는 뇌 부위에서 동시다발로 뇌파가 발생하고 수면 상태와 깨어 있는 각성 상태에 따라 발생하는 뇌파의 주파수가 변한다.

뇌와 척수로 이루어진 중추신경계와 몸의 피부, 골격근, 내장, 귀, 눈, 코, 입에서 받는 입력 감각신호와 이들 기관으로 보내는 출력 운동신호를 연결하는 말초신경계가 있다. 중추신경계는 대뇌피질, 해마, 시

• https://en.wikipedia.org/wiki/Neuron

상, 시상하부, 중뇌, 교뇌, 소뇌, 연수, 척수로 이어진다. 대뇌피질은 두께 2~3mm이며 6개의 세포층으로 이루어져 있다.

좌우 반구 형태의 주름진 모양인 대뇌피질은 위치에 따라 기능이 나누어져 있으며 피질 세포층에서 주변 세포층으로 가지를 뻗어 연결한다. 대뇌 피질 반구의 안쪽으로 백색질의 섬유다발로 멀리 떨어진 피질과 대규모로 연결이 되어 피질 기능을 연결하고 있으며 좌우 반구는 백색질 섬유다발인 뇌량으로 대규모로 연결된다. 피질과 시상은 서로 연결되어 있으며 피질로 입력되는 감각신호는 시상을 거쳐 입력된다. 피질 운동신호는 대뇌 기저핵 선조체로 입력되어 다시 시상을 거쳐 운동 조절과 운동학습을 한다.

본능에서 생기는 감정은 시상하부와 대뇌변연계를 거쳐 대뇌피질에 전달되어 운동을 일으킨다. 해마는 편도체와 함께 감정과 기억을 강하게 연결하며 기억을 저장하는 장소다. 해마에 저장된 기억은 서파수면 때 대뇌피질의 해당 영역으로 옮겨져 저장된다. 따라서 대뇌피질, 시상, 대뇌기저핵, 시상하부, 변연계는 연결되어 감각을 받아들이고 기억을 저장하고, 운동을 만든다. 중뇌, 교뇌와 연수는 뇌간이라고도 하며 상구, 하구, 복측피개, 흑질, 청반핵, 솔기핵, 수도관주위회색질, 적핵, 부완핵, 고립로핵이 있으며 뇌간 위쪽에 있는 피질, 기저핵, 시상, 시상하부, 변연계와 연결된다. 흑질, 청반핵, 솔기핵은 신경조절물질을 피질로 보내어 피질 활성화를 조절하고 하행 운동을 조절한다. 12개의 뇌신경은 얼굴과 목, 내장에 있는 특수 감각과 일반감각을 수용하고 운동신호를 전달한다.

그림 3. 신경세포 입력가지와 출력가지

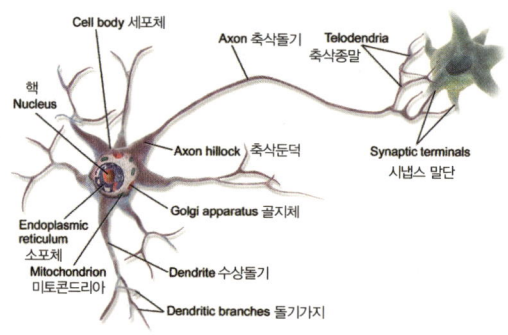

* 출처 : https://en.wikipedia.org/wiki/Neuron

그림 4. 시냅스

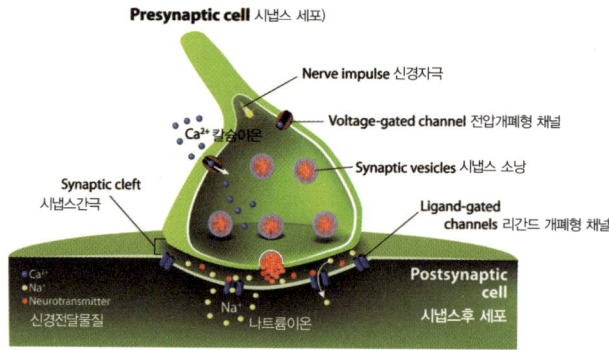

그림 5. 신경신호 시간순서 더함과 경로 더함

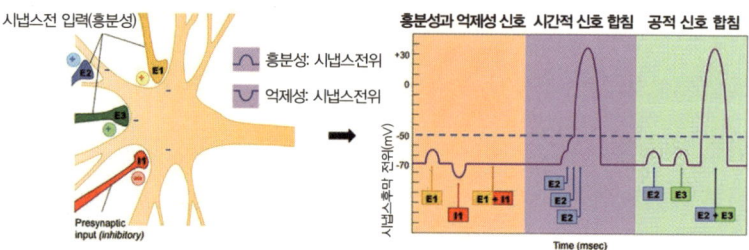

* 출처 : http://www.old-ib.bioninja.com.au/options/option-e-neurobiology-and-2/e4-neurotransmitters-and.html

척수와 연결하는 감각핵으로는 쐐기핵, 얇은핵이 있으며, 운동핵으로 적핵과 하올리브핵이 있다. 소뇌는 교뇌의 뒤쪽에 있으며 하소뇌각으로 상행하는 고유감각과 하행하는 운동신호를 받으며 중소뇌각으로 전정핵에서 균형감각신호를 받아 상소뇌각으로 시상을 거쳐 피질로 신체의 현재 상태를 계속 보낸다. 31개의 척추 안에 있는 경수, 흉수, 요수, 천수 척수신호는 사지에 있는 고유감각, 온도, 촉각, 통증을 받아들이고 운동신호를 신체골격근에 전달하며 교감 부교감 자율운동신호를 전달한다.

신경세포 연결

신경세포는 인체를 구성하는 다른 세포와 달리 전기신호를 전달한다. 신경세포는 신호입력을 수상돌기에서 받아 전기신호 형태로 신호를 세포 안에서 전파하며 한 세포의 여러 수상돌기 가지에서 동시에 신호를 받거나 또는 한 수상돌기 가지에서 순차적으로 신호를 받는다. 신경세포 신호 출력은 축삭을 거쳐 연결된 다음 신경세포의 수상돌기로 전달한다.

축삭 말단과 이웃 세포의 수상돌기 사이 20nm 정도인 간극을 가진 구조를 시냅스라고 하며 이 시냅스 통로로 두 신경세포는 연결되어 있다. 축삭 말단은 시냅스 전막, 이웃 세포 수상돌기 세포막을 시냅스 후막이라 한다. 축삭 말단까지 전달된 전기신호는 세포막에 있는 칼슘$_{Ca^{2+}}$ 이온 채널을 열어 신경전달물질을 가지고 있는 소포체를 시냅스 전막으로 보내어 세포 밖으로 신경전달물질을 방출하여 시냅스 간극을 신경전달물질로 채운다. 시냅스 후막에 있는 신경전달물질 수용체에 신경전달물질이 붙으면 시냅스 후막 나트륨 채널을 열어 세포 안으로 나트륨 양이온$_{Na^+}$이 주입된다. 전기 신호가 없을 때 세포 외부와 세포 내부의 막 전위는 세포 내 음이온이 많아 안정된 저전압$_{-70mV}$을 유지하고 있다. 나트륨 양이온 주입으로 +30mV까지 전압이 증가하며 시냅스 후막 칼륨 양이온$_{K^+}$ 채널을 열어 세포 내 칼륨이온을 세포 밖으로 방출하게 되어 증가된 전압은 다시 감소하여 짧은 펄스파 모양 전기신호가 만들어진다. 세포 내에 증가 된 나트륨 이온은 낮은 나트륨 농도 방향으로 확산하며 전기신호를 전달한다.

한편 시냅스 간극에 방출된 신경전달물질은 다음에 올 전기신호에 응답하기 위하여 축삭 말단으로 다시 흡수된다. 한 개의 신경세포에 여러 개의 시냅스 후막 채널$_{Postsynaptic\ channel}$로 나트륨 양이온이 확산해 들어오며 나트륨 양이온의 농도에 의하여 전압이 결정된다. 축삭둔덕$_{Axon\ hillock}$에서 문턱전압$_{-50mV}$을 넘긴 나트륨 양이온 신호는 펄스파로 재형성되어 신경세포의 출력인 축삭 방향으로 진행하며 시냅스 전막에 도착하여 신경전달물질을 시냅스 간극에 분출하여 연결된 시냅스 후막에 전기신호를 전달한다. 신경세포 축삭 길이는 신경세포가 사용되는 곳에 따라 수십 μm에서부터 수십 cm까지 다른 길이를 가지고 있으며 축삭 전기신호 전달 속도는 축삭 굵기와 절연물질인 미엘린 유무에 영향을 받는데, 축삭이 굵거나 축삭에 미엘린 절연체를 사용할수록 속도가 빠르다.

중추신경계에 사용되는 미엘린 절연물질은 올리고덴드로사이트

그림 6. 청각신호 전달 경로

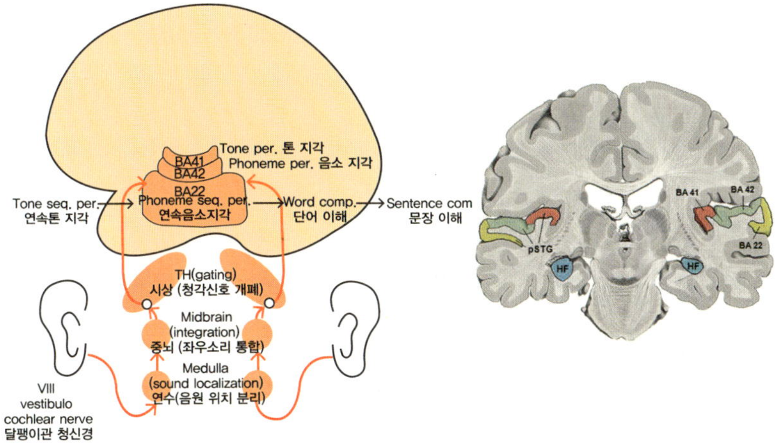

* 출처 : https://en.wikipedia.org/wiki/Auditory_cortex

Oligodendrocyte를 사용하며 말초신경계에 사용되는 미엘린 절연은 슈반 Schwann세포를 사용한다. 축삭의 미엘린과 미엘린 사이 절연이 되지 않은 란비에Ranvier 결절이 있으며 절연층 아래 축삭에서 나트륨 양전하가 확산되어 결절에 전압신호가 인가되면 전압신호에 의하여 나트륨 이온 채널이 열려 세포 내 축삭으로 나트륨 이온이 들어와 다시 전압을 키운다.

말소리 듣기

뇌는 소리를 듣고 인식할 뿐만 아니라 이 소리를 구분하여 몸을 행동으로 반응하게 한다. 뇌가 소리를 들으면, 그 소리가 자신에게 위험을 알리려는 위험한 소리인지, 대답을 해야 하는 대화 상황에서의 소리인지 소리 정보에 따라 다르게 분류하여 저장된 정보를 기반으로 비교하여 인식하게 된다. 이후 소리가 인식되면 뇌는 운동을 선택하여 몸(또는 입)을 움직여 위험으로부터 피하든지, 말소리에 대답을 하게 하는 등의 행동으로 옮겨진다.

이 과정을 좀 더 자세히 살펴보면 귓바퀴로 소리를 모으고 외이에서 고막eardrum을 두드려 고막의 떨림을 중이의 세 뼈를 거쳐 액체로 가득 찬 내이에 전달하여 액체진동으로 바꾼다. 중이는 외이의 공기 움직임을 적절한 크기의 신호로 변경하여 내이의 액체를 효과적으로 진동시키는 역할을 한다. 내이의 달팽이관 액체 속에서 소리의 주파수에 따라 공진하는 멤브레인은 주파수가 분리된 섬모 운동을 발생시켜 섬모 세포의 탈분극으로 전압이 상승된다. 이때 세포 밖에 있던 칼슘이온이 섬모 세포 내부로 들어와 신경전달물질을 섬모세포와 청신경세포의 시냅스 간극에 분출하여 신경세포에 전압신호가 발생한다.

귀를 거쳐 소리는 디지털 전기신호로 바뀌어 8번 뇌신경인 안뜰달팽이vestibulocochlear 신경으로 뇌에 전달된다. 안뜰달팽이 신경은 평형감각인 안뜰신경과 소리신경인 달팽이신경이 합쳐진 신경이다. 교뇌의 하올리브핵에 전달된 소리신호는 두 귀의 신호 시간차와 크기를 비교하여 공간에서 소리를 분리한다. 중뇌의 하구에서 소리신경에서 온 소리신호와 하올리브핵의 공간 정보를 통합하여 시상의 내측 슬상핵으로 전달한다. 내측 슬상핵을 통하여 대뇌피질 pSTGposterior Superior Temporal Gyrus인 BA(브로드만 뇌영역) 41, 42에 전달되어 주파수 인식과 음소 인식을 차례로 수행하고 BA 22에서 연속되는 주파수와 음소를 인식하여 단어와 문장을 이해한다.

그림 7. 뇌 속에서 말 인식하고 말을 만드는 경로

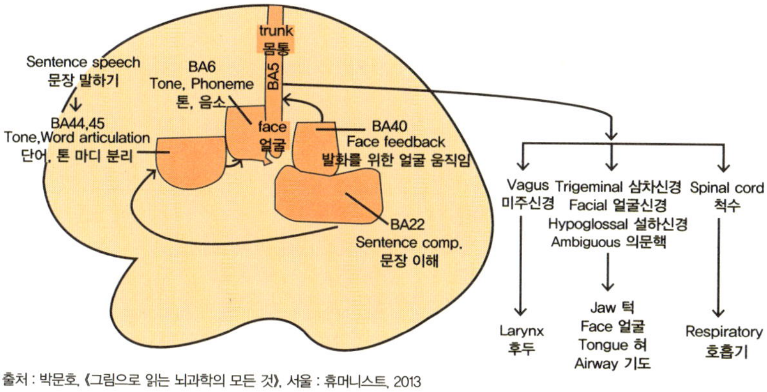

* 출처 : 박문호, 《그림으로 읽는 뇌과학의 모든 것》, 서울 : 휴머니스트, 2013

말하기

말을 들으면 우리가 의식하지 못하는 사이 톤을 분리하여 음소와 단어 그리고 문장으로 이해하고 이것으로부터 의미를 판단하는 과정의 역순으로 말을 한다. 말을 하기 위해서는 가장 먼저 의미를 생성해야 하고 그 후 생성된 의미에 맞는 문장을 구성하고 발음하여 단어와 음소를 사용하여 발성하는 단계를 거쳐 입으로 말이 나오게 된다.

의미가 저장된 pMTG(posterior Middle Temporal Gyrus)로부터 의미를 선택하고 선택된 의미에서 문장과 단어를 선택한다. 단어의 선택은 전두엽(Pre frontal cortex)과 모서리 위이랑(Supramarginal gyrus)이 협력하여 결정된다.● 브로카 영역에서 단어, 음소와 톤으로 분리되고 분리된 소리는 음소와 톤으로 2차

● https://en.wikipedia.org/wiki/Language_processing_in_the_brain

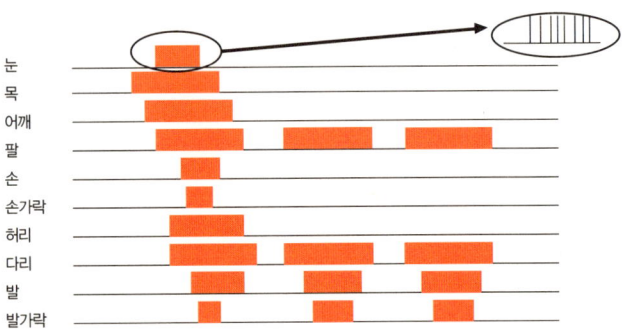

그림 8. 신체 부위별 운동신호 발생

운동영역 BA 6에서 운동신호로 변환된다.

1차 운동영역 BA 5에서 발성을 하기 위한 인체기관인 입술, 혀, 턱, 인두, 성대, 후두, 배 각 인체기관별로 운동신호를 생성하여 말이 소리가 되어 발성되게 한다.• 이후 최종적으로 발성기관에서 만든 말소리는 다시 청신경을 통하여 베르니케 영역으로 들어와 발성을 검증한다.

운동하기

테니스를 친다고 생각해보자. 상대방의 공격을 눈으로 보고 어디로 움직여야 날아오는 공을 잘 받아칠 수 있는지 결정한다. 운동 결정에 따라 눈, 목, 어깨, 팔, 허리, 다리를 움직여 달리는 방향으로 몸을 튼다. 목, 허리는 자세를 유지하며 발을 내디디며 팔과 다리를 움직인다. 목과

• 박문호, 《그림으로 읽는 뇌과학의 모든 것》, 서울 : 휴머니스트, 2013

눈을 움직여 눈은 계속 공을 추적하도록 한다. 공을 칠 곳에 가까이 가며 속도를 줄여 눈, 목, 어깨, 팔, 허리, 다리를 움직여 균형을 잡으며 발을 지면에 댐과 동시에 이 부위들을 움직이면서 손과 손가락으로는 라켓을 꽉 잡고 팔을 휘둘러 공을 친다. 공을 치고 난 후 다시 목, 어깨, 팔, 허리, 다리를 움직여 균형을 잡음과 동시에 눈과 목은 친 공을 계속 따라 움직여 상대방의 대응을 보며 이 대응에 따라 동작을 멈추거나 다음 공격을 결정한다.

테니스 공을 따라가며 공을 받아 치는 상황에서 뇌 속에서는 어떤 동작이 일어나는지 살펴보자. 상대방이 친 공의 시각정보는 하후두엽에서 테니스공을 인식하고 상후두엽에서 테니스공을 친 공간을 분리하게 되고 이 연합 감각정보는 보조 운동영역인 후두정엽에 모여 상대방 공의 궤적을 예측하고 예측된 공의 방향에 따라 공을 쳐야 할 위치를 결정하고 운동명령을 내린다. 일차 운동영역의 앞에 위치한 전운동영역은 운동계획을 세우고 몸의 중심을 움직인다. 일차 운동영역에서 운동신호를 몸 전체에 전달한다. 운동계획 신호는 대뇌 기저핵에 전달되어 저장된 운동과정인 방향틀기, 움직임, 달리기, 라켓 휘두르기, 멈춤 등의 운동절차를 인출한다. 전운동영역에서 내려가는 운동신호는 교뇌에 연결되어 소뇌로 전달되어 몸의 얼굴, 목, 어깨, 팔, 몸통, 허리, 다리 위치에서 필요한 움직임 정보가 다시 대뇌로 전달되어 대뇌 피질의 일차 운동영역에서 내려가는 운동신호를 변화시킨다. 소뇌와 전정기관에서 감지한 균형감각을 합하여 전정척수로 신호를 내려 보내며 소뇌는 양팔과 양다리의 움직임을 조절하는 적핵척수로 신호를 내려보낸다. 적핵척수로와 전정척수로 신호는 척수에서 합쳐서 감마 운동신호로 근육방추로 가 근육을 늘리거나 줄인다. 대뇌피질에서 내려가는 알파 운동신호는 근육방추와 골격근에 전달되어 근육을 늘리거나 줄여 몸을 움직이게 한다.

이때 6개의 눈 근육을 움직여 계속 공을 쫓아가며 수정체는 공의 멀고 가까움에 따라 두께를 조절하고 홍채를 조절하여 빛의 세기를 적절히 받는다. 공을 치는 순간 손바닥 피부는 움켜진 라켓의 촉각과 압력 세기를 감각하고 손바닥 힘을 조절하여 라켓을 손바닥과 밀착시킨다. 그리고 활발한 운동은 대사활동을 촉진하여 혈류를 증가시켜 혈압이 상승한다. 대사활동으로 발생하는 열을 식히기 위하여 혈관을 팽창시켜 많은 피를 빠르게 흘려 열을 식히며 땀을 분비하여 기화열로 열을 제거하여 몸 온도를 유지한다.

이 과정에서 눈과 얼굴의 움직임은 전정기관의 균형감각과 소뇌에 경험으로 학습된 위치신호가 더해져 목과 눈을 움직이는 운동신호가 만들어진다. 손바닥의 촉각과 압력을 수용하는 감각신호는 소뇌와 대뇌로 전달되어 운동 절차에 따라 대뇌피질에서 손의 악력을 조절하는 운동신호로 출력된다. 혈압을 검출하는 경동맥 팽대부 신호는 9번 설인신경을 거쳐 고립로핵에 연결되고 이 신호는 뇌간의 미주신경에 있는 교감과 부교감 신경을 통하여 심장박동을 제어하며 시상하부는 피부 혈관을 확장하여 혈액을 통하여 열을 방출하며 땀샘을 열어 땀을 배출하여 기화열을 발생시켜 열 방출을 돕는다.

뇌 모델

뇌 시스템

 시스템은 시스템의 안과 밖에서 신호를 받아 시스템 내부 상태를 유지하고 시스템 목적을 달성하기 위하여 시스템 밖 대상에게 신호를 보낸다. 뇌는 입력, 출력신호와 목적을 가지고 있어 시스템으로 규정할 수 있다. 뇌 시스템은 신체 내외의 감각입력신호를 받아 저장된 기억과 비교하고 다음 상황을 예측 또는 추론하여 욕망과 감정으로 운동을 선택하고 신체에 운동신호를 내보낸다.

 그리고 뇌는 인체 항상성을 유지하고, 인체 외부의 시각, 청각, 후각, 미각, 온도, 촉각 신호를 받아들여 기억을 저장하고 운동목표를 정하고 운동신호를 만들어 골격근으로 출력한다. 뇌 시스템은 인체에 속하며 인체 항상성 유지와 운동신호 생성을 목적으로 하고 있으며 인체 밖의

그림 9. 뇌 입력신호, 출력신호 그리고 뇌 기능

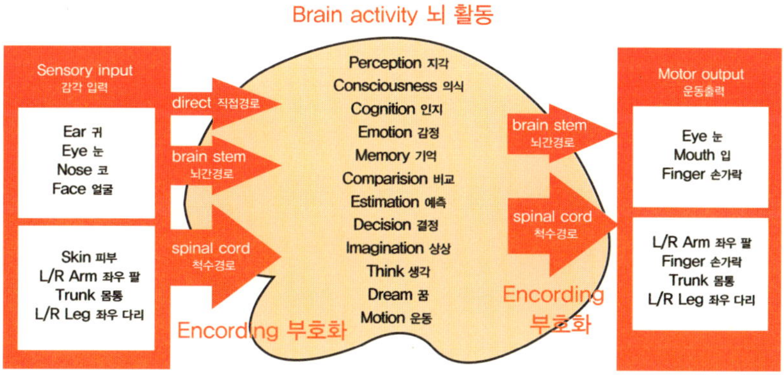

Brain activity 뇌 활동

Sensory input 감각 입력		Brain		Motor output 운동출력
Ear 귀 Eye 눈 Nose 코 Face 얼굴	direct 직접경로 brain stem 뇌간경로	Perception 지각 Consciousness 의식 Cognition 인지 Emotion 감정 Memory 기억 Comparision 비교 Estimation 예측 Decision 결정 Imagination 상상 Think 생각 Dream 꿈 Motion 운동	brain stem 뇌간경로 spinal cord 척수경로	Eye 눈 Mouth 입 Finger 손가락
Skin 피부 L/R Arm 좌우 팔 Trunk 몸통 L/R Leg 좌우 다리	spinal cord 척수경로 Encording 부호화		Encording 부호화	L/R Arm 좌우 팔 Finger 손가락 Trunk 몸통 L/R Leg 좌우 다리

감각신호와 인체 안의 고유 감각신호 그리고 인체 정보신호를 받고 수의근인 골격근, 불수의근인 내장근을 움직이는 신호를 만든다.

뇌 입력신호는 귀, 눈, 코, 혀와 피부, 팔, 몸통, 다리에서 받아들여진 소리 주파수, 소리 크기, 지속시간, 밝기, 형태, 색, 움직임, 기체분자, 액체분자, 압력, 온도, 피부 변형, 골격근의 길이와 긴장도 등이 있다. 이 물리와 화학 신호는 말단의 감각기관에서 뇌간과 시상을 거쳐 대뇌피질에 전달되어 음원 위치, 듣고 싶은 소리 분리, 시각정보 입체화, 집중하고자 하는 영상 선택, 냄새, 맛, 촉감, 냉열감, 통증, 고유감각 등을 느끼고 인식한다. 입력된 감각신호는 1차 감각피질에서 느끼고 점차 소리와 음성, 물체와 장소, 공기 상태, 입 속 음식 종류, 피부와 접촉하는 물체, 주변 온도, 몸의 위치와 가해지는 무게를 이미 있는 정보인 기억과 비교하고 분별하게 한다.

감각정보를 기억과 비교하고 분별하는 과정에서 2차 감각피질과 전두엽이 서로 연결하여 정보를 교환한다. 감각정보는 연합하여 음성에서 문장 뜻과 의미를, 시각정보에서 공간 속의 몸 위치와 주변 상황을 알게 된다. 인지된 상황에서 운동계획과 운동명령을 내리며 얼굴 근육, 눈동자, 입, 혀, 인두와 후두, 흉곽, 머리, 어깨, 팔, 손, 몸통, 허리, 다리, 발을 움직이고, 자율운동으로 내장을 움직이고 분비샘을 분출한다. 이러한 운동 계획과 운동명령이 합쳐져 여러 운동기관이 연합할 때 숨쉬기, 소화하기, 얼굴표정 짓기, 걷기, 달리기, 뛰기, 춤추기, 노래하기, 그리기, 말하기, 쓰기, 계산하는 신체 각 부분의 운동이 모여 행동으로 나타나게 된다.

여러 운동이 동시에 일어나기도 하며 운동은 새로운 감각신호를 몸의 외부와 내부에서 발생시켜 다시 입력신호로 보내오고 이를 받아 보완된 운동계획, 운동명령에 의하여 운동신호가 출력된다. 이때 운동기관별로 운동 시간과 강도를 조절하는 신호를 피질에서 직접 내려보내

그림 10. 신경세포 액틴 필라멘트 구조

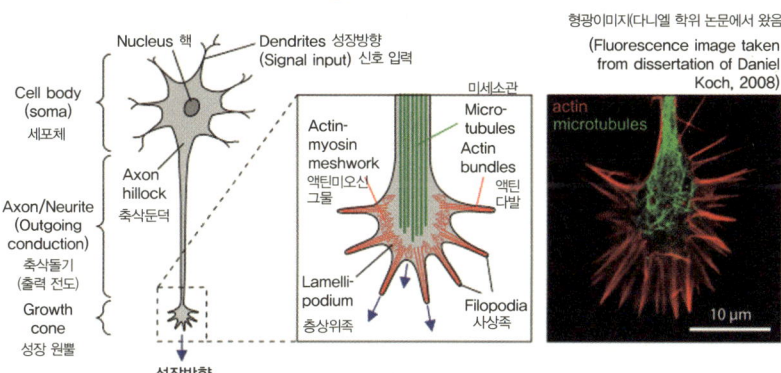

* 출처 : http://home.uni-leipzig.de/pwm/web/?section=introduction&page=neurons

그림 11. 신경섬유 전달특성과 속도비교

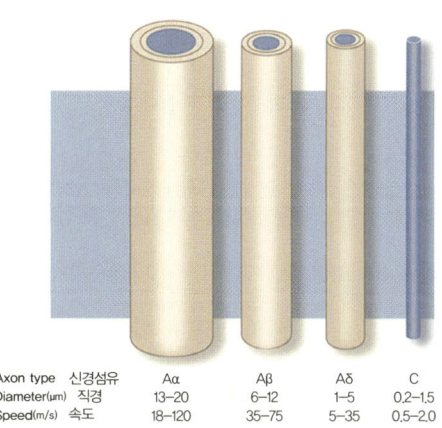

* 출처 : https://pocketdentistry.com/1-pain-and-impulse-conduction/

며 소뇌는 몸의 균형을 유지하기 위해 신체 부위별 고유 감각을 저장한 정보를 바탕으로 전정기관 균형감각과 연합하여 운동신호를 조절한다.

뇌 시스템 계층모델

뇌는 신경세포와 세포에 있는 입력 연결가지인 수상돌기와 많은 수의 출력 연결가지인 축색돌기로 구성된 구조이며 수상돌기와 축색돌기는 많은 가시Spine들로 서로 연결되어 시냅스를 구성한다. 신경세포 내부는 미세소관과 액틴으로 구조를 이루며 축색돌기 가시와 수상돌기 가시가 새로 생성되어 새로운 시냅스를 형성하며 기억을 만든다. 이 과정은 역동적으로 신경세포 안에서 발생한다.

신경세포는 층을 이루어 6층의 대뇌피질로 구성되기도 하며 신경세포들이 밀집하여 핵을 구성하기도 하는데 이때 이들을 연결시키는 것은 신경세포다. 이러한 연결을 통해 기능적으로 분화된 뇌는 서로 연결되어 뇌를 형성하고 점차 뇌 구조로 인체에 자리잡아 인체의 각 기관과 연결하여 각 기관을 운동시키고, 이러한 운동이 모여 행동이 된다.

인간 행동, 느낌, 의식, 수면은 뇌의 상태, 뇌 속의 기억, 뇌 밖의 감각 입력으로 만들어지며 인체 안과 밖으로 나타나는 운동, 감정, 상태로 나타난다. 인체 곳곳에 연결된 신경세포는 전기신호 형태로 감각신호를 받고 운동신호를 표출하고 있다. 이 과정에서 새로운 기억이 만들어지고 새로운 정보가 뇌 속에 저장된다. 새롭게 저장되는 기억은 시냅스 단위의 연결이 새로 만들어지며 과거 저장된 기억은 인출이 자주 되지 않으면 연결강도가 약해진다. 신경세포 속에서 새로운 가시가 만들어지기 위하여 세포 속에서 서로 연결하고자 하는 두 세포 시냅스 전, 후 가시 안에 액틴단백질을 성장시키며 이온채널을 배열한다. 이때 시냅스 가시의 골격 구조를 튼튼하게 하고 전기신호 전달에 필요한 적절한 수의 이온채널을 배치해야 신호전달을 정확하게 할 수 있다.

외부로 나타나는 행동, 느낌, 상태는 외부로부터 물리, 화학 신호가 입력되어 정보로 변환되어 뇌에 저장된 정보와 비교하여 나타나거나 외부 감각신호가 들어오지 않고 뇌에 저장된 정보를 인출하여 생각하거나 꿈을 꾸는 신체 반응이다. 신체는 입력정보에 스스로 반응하고 새로운 정보는 저장하며 입력정보에 대응되는 저장된 기억과 비교 후 반응하여 느낌을 나타내거나, 맥락적 상황에서 가치를 판단하여 행동을 시작한다. 또한 신체는 주기적으로 의식 상태를 변화하여 각성, 수면을 반복하게 된다.

전기신호 형태의 감각정보는 이미 저장된 정보와 비교하여 새로운 입력 감각정보를 저장하거나 그 정보를 이미 저장된 다른 정보와 연합하여 저장하거나 입력 감각정보로부터 판단하여 행동을 선택한다. 입력된 감각 전기신호는 다른 감각 전기신호와 합쳐져 새로운 정보로 변형된다. 예를 들어 편하고 향기로운 카페에서 들었던 음악은 카페, 음악, 향기를 하나로 묶어 기억하게 한다. 그리고 행동 선택은 운동명령을 내리게 되고 운동명령에 따라 이미 학습되어 저장된 운동기관별로 운동신호의 지속시간, 세기가 조율된 전기 운동신호가 각 운동기관에 전달된다.

전기신호는 굵기와 절연, 비절연 특성별로 전달 속도가 다른 신경섬유를 따라 전달된다. 예를 들면 몸의 균형과 자세를 잡아 운동 목적이 달성되게 운동신호에 반영되어야 하는 무의식적 고유감각은 빠르게 전달되고 늦게 전달되어도 위험하지 않은 가려움과 같은 감각신호는 느린 전달속도를 가진 신경섬유로 전달된다. 운동신호 역시 피질에서 멀리 떨어진 곳까지 가는 신호는 중간에 감쇄가 되지 않도록 강한 전류를 보내기 위하여 굵은 섬유로 연결된다. 한 시냅스 가지에 입력되는 시간 지연을 가진 연속신호 또는 다른 여러 시냅스 출력 가시들에서 동시에 한 시냅스 입력 가시로 신호가 전달될 때 신경세포 출력인 축색돌기 시냅스 가시로 신호를 전달한다. 연결 섬유 특성과 시냅스 가지 구성과 신호 연속 강도에 따라 전기신호 전달 특성이 결정된다. 대뇌 피질은 곡면을 따라 사방으로 펼쳐지고 수직으로 여러 층으로 연결되어 있고 절연된 신경섬유로 먼 피질까지 서로 연결되어 있다. 피질의 3차원 신호 연결에 따라 신경망을 구성하여 피질 전체로 전기신호가 동시에 전달된다. 이때 피질과 피질 아래에 있는 기저핵, 해마, 편도체, 시상, 시상하부, 뇌간, 소뇌, 척수는 서로 연결되어 구조를 형성하고 기능을 갖게 된다. 이들 중추신경계는 서로 연결된 거대한 전기신호 네트워크이며 정보를 생성하고 저장하는 기능을 가지고 있으며 말초신경계와 연결되어 몸 전체에 전기신호 신호를 주고받고 있다.

두 세포 사이에 전기신호를 전달하는 시냅스 부피는 최대 $0.8mm^3$●로 매우 작으며 축색돌기와 수상돌기 시냅스 전 후막 간격은 20nm 정도다. 전기신호는 이 시냅스 막으로 전달되며 신경전달물질이 매개가

● https://en.wikipedia.org/wiki/Dendritic_spine

되어 시냅스 막을 건너 다시 전기신호가 만들어져 전달된다. 중추와 말초 신경계 전체는 시냅스 단위로 구성된 연결로 나타낼 수 있으며 뇌에 있는 시냅스 단위 연결을 브레인 맵이라고 한다. 시냅스 수준 모델은 시냅스 막의 신경전달 물질에 의한 흥분성과 억제성 연결 특성과 시냅스 연결 세기를 포함하여 정밀한 뇌 기능을 구현한다.

시냅스 가시인 스파인 내부는 액틴 필라멘트로 채워져 모양을 만들고 외부와 연결된 막에는 이온 채널이 배열되어 신경전달 물질을 받고 전압을 생성하기 위한 이온의 통로로 사용된다. 스파인 모양과 채널 분포는 전기신호 전달 세기를 결정하기 때문에 스파인 모양에 스파인이 정상적으로 생성되지 못하면 여러 가지 신경증상과 정신병이 발생한다. 따라서 스파인 수준 모델이 만들어지면 질병으로 나타나는 현상을 재현하여 신경세포 수준에서 질병의 원인과 그 치료법을 찾는 길을 제공할 수 있다.

뇌 모델 구현과 검증

뇌 모델은 높은 수준에서 낮은 수준 순서로 행동 수준, 기능 수준, 전기신호 수준, 시냅스 수준, 세포 수준으로 계층적으로 구성된다. 행동 수준의 뇌 모델 입력은 외부의 감각을 받아들이는 것으로 감각신호인 소리, 영상, 기체, 액체, 압력, 하중, 촉감, 온도, 통증 등이며 행동 수준 출력은 직접 행동하는 것으로 말하기, 듣기, 보기, 먹기, 마시기, 걷기, 뛰기, 달리기, 손동작, 발동작 등이 있다. 행동 수준 모델은 감각 입력신호를 처리하여 행동출력 신호를 만들어 내보낸다. 입력신호는 문자 또는 숫자로 만들어지며 상황에 따라 여러 개의 감각신호가 동시에 입력되며 내부 처리는 입력 신호에서 정보변환, 정보비교, 정보저장, 정보선택, 정보인출의 과정을 문자 또는 숫자로 받아들여 운동신호가 발생하며 모델이 동작한다. 상황에 따라 여러 행동이 동시에 출력될 수도 있다.

기능 수준의 뇌 모델 입력과 출력 신호는 문자, 숫자로 변환하며 뇌 해부학적 구조를 반영하여 블록을 구성한다. 감각 입력신호 감지기관에서 피질까지 전달되는 경로에서 정보는 변환되고 다른 감각기관 신호들과 합쳐서 정보를 생성하고 상황을 인지하고 운동을 선택하여 운동명령을 내린다. 운동신호와 감각정보는 합쳐서 보완된 운동신호를 생성하여 정확하고 세밀한 운동이 가능하게 한다. 기능 수준 모델은 감각신호를 만들고 운동신호를 받는 말단신경계와 감각신호를 받고 처리하여 운동신호를 내보내는 중추신경계를 합쳐서 구성한 블록이며 인체 내외 감각과 운동을 시뮬레이션으로 보여준다.

전기회로 수준 모델은 입력 감각신호를 아날로그 또는 디지털 전기신호 형태로 변환하고 모델 내부는 전기신호를 입력하고 출력하는 모델 블록으로 기능을 구성한다. 입력 감각 전기신호에서 정보를 추출하고 추출된 정보를 저장된 정보와 비교하여 운동 출력신호를 전기신호로 만든다. 전기신호는 복잡한 계산식으로부터 실제 신경 전기신호 모양과 가까운 모델로 만들거나 간략한 방법으로 비슷한 전기신호 모양을 만드는 방법이 있다. 뇌 회로 기능을 전기회로 모델로 구현하고 검증하는 방법에는 뇌파에서 발생하는 신호인 델타, 세타, 알파, 베타, 감마파를 관측하여 전기신호모델을 검증할 수 있다.

시냅스 수준 모델은 가장 세밀한 전체 뇌 모델이다. 시냅스가 매우 작아 광학현미경 확대영역인 μm 범위를 넘어 전자현미경 확대영역인 nm 수준까지 확대해야 시냅스 연결을 확인할 수 있다. 이런 시냅스 수준 연결 정보를 모두 찾아 다시 구성하여 뇌 기능을 찾는 브레인 맵 연구가 있다. 작은 면적의 뇌를 확대하여 3차원 시냅스 연결정보를 찾고 이를 전체 뇌에 적용하면 매우 방대한 양의 연결 데이터를 얻을 수 있다. 연결 데이터에서 분류하고 분석하여 구성한 뇌 연결도에서 뇌 전기신호 회로도를 작성을 하면 시냅스 수준 뇌 모델이 된다. 시냅스 수준 뇌 모델은 세밀하면서 복잡하기 때문에 계산을 간단히 하기 위하여 간략한 기능 수준으로 구현하면 시뮬레이션 속도를 빠르게 할 수 있으며 전기신호 모델을 적용하면 복잡하지만 정확한 시뮬레이션을 할 수 있다.

세포 수준 모델은 신경세포의 주요 구조를 포함하고 이들의 구조, 생성, 소멸이 가능한 모델이며 전기 화학적 특성을 가지고 있다. 스파인이 생성, 소멸되는 과정과 이온채널이 생성, 소멸되는 과정을 포함해 구현하며 스파인의 크기와 채널 밀도 변수를 가지고 있다. 이러한 이온과 분자 구성을 포함하여 세포의 생물 특성을 지니게 한다. 세포 수준은 신경세포 구성을 모델링하여 복잡성이 매우 커 모델 검증에 시간이 많이 걸리기 때문에 시뮬레이션 빠르게 할 수 있는 모델을 사용하여야 한다.

뇌 모델의 활용

뇌 모델을 활용하기 위해서는 행동 수준, 기능 수준, 전기회로 수준, 시냅스 수준, 세포 수준 모델을 혼합해 사용하여 모델의 효용성을 높인다. 특히 행동 수준에서 시뮬레이션을 할 때 일부는 기능 수준, 전기회로 수준, 시냅스 수준, 세포 수준 모델을 사용하기도 하는데, 이럴 경우 특정 부위에서 신경해부학적 구조의 신호, 전기회로 신호, 시냅스 수준 세밀한 신호, 동적 세포 특성을 함께 볼 수 있다.

행동 수준 모델은 인간을 대상으로 하는 조사에서 인간 대신 사용한다. 인간이 환경과 조건에 반응하는 모양(얼굴, 몸짓), 생각, 느낌을 관측하여 인간행동을 예측하는 용도로 사용한다. 뇌 모델을 측정하고자 하는 다양한 조건으로 설정하여 개인화를 하면 개인 특성에 따른 반응을 관측할 수 있다. 이러한 인간 행동 모델은 새로 만든 법과 제도 반응, 사회 또는 자연 환경 변화 적응, 선거 입후보자 선호도, 새 상품 선호도를 예측하는 등 여러 사회과학 분야에서도 활용이 가능하다.

2013년부터 미국에서 진행중인 브레인 이니셔티브 연구는 모든 신경 시스템 수준 연구를 하고자 하며 행위 수준, 전기생리학 수준, 해부학적 수준, 세포 수준, 분자 수준으로 진행하고 있다. 이 연구에서 가장 중요한 것은 수백억 개의 신경세포가 어떻게 행동을 만들어내는가를 알아

- "BRAIN 2025 A scientific vision," NIH, June 5, 2014 https://braininitiative.nih.gov/pdf/BRAIN2025_508C.pdf

내는 것이다.*

2017년 노벨 경제학상을 받은 리처드 탈러는 인간이 이성에 기반하여 이익을 추구하기보다 감정 이끌림에 의한 마음 상태에서 경제 활동의 결정을 내린다고 하였다. 실리콘밸리에 있는 스타트업 싱귤레리티는 빅데이터를 사용한 기계학습과 추론으로 소비자 행동과 행동을 일으키는 조건을 알아냈다.**

기능 수준 모델은 뇌 해부학적 구조 위에 뇌의 감각과 운동 기능을 발현하게 연결되어 구현된다. 이 모델은 뇌 구조와 기능 그리고 연결을 지금까지 밝혀진 정보를 이용하여 세밀하게 구현함과 동시에 새로 밝혀지는 정보를 통하여 계속해서 수정해나간다. 이 모델은 감각신호와 운동신호가 어떤 경로를 통하여 전달되는지 어떤 피질 부위가 결합하여 정보를 처리하는지를 세밀하게 볼 수 있게 한다. 특히 기능 수준 모델은 뇌 구조, 기능 그리고 연결을 볼 수 있어 뇌 기능과 연결 이상으로 발생하는 뇌 이상 증상을 보며 기능 이상 발생 원인을 구조와 연결에서 찾을 수 있게 한다. 이 모델은 뇌를 이해하는 모델로 사용이 가능하여 의학, 공학, 심리학 등의 분야에서 뇌 이상증, 뇌신호 분석, 자연지능, 심리 분석에 활용이 가능하다.

숭실대학교에서 뇌 질환이 없는 정상인 실험자를 대상으로 진행한 연구 결과를 발표했다. 화면상의 한 알파벳 문자에 주목하여 생각하고 화면에 표시된 문자가 순차적으로 반짝일 때 발생하는 실험자의 뇌전

** https://en.wikipedia.org/wiki/Behavioral_economics#cite_note-23

도를 분석하여, 생각하는 알파벳과 화면상에 깜박이는 알파벳이 일치할 때 후두엽에 발생하는 뇌파가 차이가 있었다. 이 결과는 사물을 인지하는 후두엽에서 발생하는 뇌파신호로 실험자가 생각한 알파벳을 찾아내는 방식으로 확장할 수 있다.

한국표준과학연구원에서 정상인을 대상으로 뇌파의 자기장을 측정하는 뇌자도를 사용하여 연속으로 다른 단어/도형 카드를 보여주어 2번 이전에 보여준 단어/도형이 나타나면 버튼을 누르는 실험을 하여 단어/도형을 인지하는 후두엽과 전두엽의 판단 기능이 연결되고 전두엽 판단기능과 운동신호를 만드는 운동피질의 연결성이 확연히 보이는 결과를 얻었다.

전기회로 수준 모델은 기능 수준 모델을 사용하여 뇌에서 발생하는 전기신호가 발현되게 모델하며 실제 뇌에서 전달되는 전기신호를 모사하게 되면 뇌 기능도 전자 부품 모델처럼 구현할 수 있게 한다. 전기회로 모델을 검증하는 데는 기존의 전자공학에서 발전시켜온 모델과 검증 기술을 사용할 수 있다. 뇌 전기회로 모델은 뇌 상태별 뇌파를 재현하여 뇌의 뇌파신호와 비교하여 뇌 상태와 기능을 확인한다. 전기신호의 전달 속도와 신호 세기에 따라 생기는 뇌 기능 이상을 구현하여 뇌 기능 이상이 발생하는 원인을 찾고 치료 방법을 찾으며 뇌 부위에 대응되는 뇌 기능을 전기회로 모델로 구현하기 때문에 전기회로로부터 뇌 기능 발현을 보고 뇌 기능을 이해할 수 있게 한다.

생물 신경세포의 전기 모델은 전기 입력 신호를 수학모델에 넣고 전기 출력신호를 모델에서 만들어낸다. 호킨-헉슬리 모델은 오징어 거대

신경세포 축삭 세포막을 사이에 둔 전압 차와 축삭 이온 전류를 측정하여 만들어졌으며 이 연구로 호킨과 헉슬리는 1963년 노벨 생리의학상을 받았다.

시냅스 수준 모델은 뇌를 매우 정밀하게 관측할 수 있게 하며 특히 시냅스 연결로 발생하는 뇌 질환 증상을 확인할 수 있다. 시냅스 연결 변화에 따른 뇌 기능 변화를 관측하여 뇌 질환 예측이 가능하며(시냅스 수준에의) 뇌 질환 치료 방법도 찾을 수 있다. 이 모델에서는 신경전달 물질과 시냅스 연결 세기, 그리고 연결 정보가 포함된 모델을 구현하여 신경전달 물질 특성, 시냅스 연결 특성과 관련된 뇌 활동을 볼 수 있게 한다.

한국뇌연구원은 대뇌피질에서 시냅스 수준 신경세포 연결 지도를 3차원 전자현미경(nm 분해능)으로 뇌 절편을 촬영하여 20nm 정도인 시냅스 간극을 찾아 분리하여 이들 연결정보를 구성하여 뇌 해부학 구조에 대응되는 신경세포 연결 지도를 작성한다. 전자현미경 영상 처리와 함께 뇌 연결을 찾기 위하여 광학현미경으로 넓은 면적을 촬영하여 윤곽을 잡고 전자현미경의 세밀한 영상을 겹치게 하여 작업 속도를 높일 수 있다. 그리고 확산 MRI 기술을 사용하여 신경세포 연결 섬유인 백질 주변의 물 분자 확산(운동) 방향을 찾아 신경 섬유 연결 방향을 찾아 뇌 연결 정보로 사용한다. 광학현미경과 확산 MRI로 전체 뇌 구조를 찾고 그 위에 세밀한 시냅스 수준 영상을 입혀 자세한 뇌 지도를 만든다.

세포 수준 모델은 뇌 세포의 구조와 이온 채널 특성이 포함되고 기억 생성과 소멸이 나타나기 때문에 비교적 짧은 시간 동안 뇌 기능 변화를 관측하게 한다. 발생부터 뇌가 기능을 갖는 과정을 세밀하게 관측하여 나이가 듦에 따라 뇌 세포 수준 기능 변화 특성과 증상을 확인할 수 있다. 이는 나이에 따른 기억과 학습을 증진하는 방법을 찾고 뇌 세포의 변화에 따른 질환을 예측하고 치료 방법을 찾게 하는 데 도움이 된다.

ETRI_easy IT

알고 보면 쓸모 있는
뇌과학 이야기

초판 1쇄 인쇄	2018년 5월 10일
초판 1쇄 발행	2018년 5월 18일

지은이	어익수, 박문호, 장경인, 김기웅, 최원석, 윤상훈, 김완두, 이종호
펴낸이	장한맘
펴낸곳	(주)콘텐츠하다
출판등록	제2015-000005호
주소	서울시 영등포구 선유로49길 23, 2차 IS비즈타워 613호
홈페이지	www.contentsHADA.com
이메일	conhada@naver.com
책임총괄	이순석, 정길호
편집기획	권은옥, 김명효

값 13,000원

*잘못된 책은 바꾸어 드립니다.
*본 책의 내용에 대한 무단 전재 및 복제를 금합니다.